Kentzler/Richter
Stressmanagement

Bibliografische Information der Deutschen Nationalbibliothek

Die Deutsche Nationalbibliothek verzeichnet diese Publikation in der Deutschen Nationalbibliografie; detaillierte bibliografische Daten sind im Internet über http://dnb.d-nb.de abrufbar.

ISBN 978-3-448-08741-3   Bestell-Nr.: 00179-0001

Redaktionsanschrift: Fraunhoferstraße 5, 82152 Planegg/München
Telefon: (089) 895 17-0
Telefax: (089) 895 17-290
www.haufe.de
online@haufe.de
Produktmanagement: Dipl.-Kffr. Kathrin Menzel-Salpietro

Konzeption und Realisation: Ulrich Leinz, 10829 Berlin
Redaktion: Rivkah Frick, 10999 Berlin; Ulrich Leinz, 10829 Berlin
Umschlag: Simone Kienle, 70199 Stuttgart
Druck: fgb • freiburger graphische betriebe, Freiburg

Zur Herstellung dieses Buches wurde alterungsbeständiges Papier verwendet.

Stressmanagement

Das
Kienbaum-Trainingsprogramm

Christine Kentzler
Julia Richter

Matthias T. Meifert
(Herausgeber)

Haufe Mediengruppe
Freiburg · Berlin · München

Inhaltsverzeichnis

Geleitwort

Was halten Sie von dem kleinen Lämpchen an Ihrem mobilen Empfangsgerät? Ist es für Sie auch so faszinierend, dass Sie es nicht aus den Augen lassen wollen? Behalten Sie es in allen Lebenslagen immer gut im Blick? Jedes noch so kurze Blinken signalisiert Ihnen doch, gut, es geht weiter, es gibt Neuigkeiten. Beantworten Sie dann die eingehenden Mails, SMS und Telefonate möglichst flink und im Laufschritt? Unabhängig von der Tages- und Nachtzeit? Und ist das Gefühl, irgendwie nie richtig mit der Arbeitsmenge fertig zu werden, für Sie auch Ansporn, noch mehr zu leisten? Der Beruf ist Ihr Hobby und Ihr Hobby Ihr Beruf? Dann herzlich willkommen. Sie sind hier genau richtig ...

So oder so ähnlich erleben viele Mitarbeiter und Führungskräfte ihre heutige Arbeitssituation. Die Gelegenheiten, sich im Beruf aber auch in der Freizeit zu verausgaben, sind besonders günstig. Durch eine deutliche Leistungsverdichtung, gestiegene Veränderungsdynamik und einer ausgeprägten Virtualisierung der Zusammenarbeit sind die Anforderungen an jeden Einzelnen erheblich gestiegen. In der Folge steigen stressbedingte Erkrankungen. Das Wort vom „Burnout" gehört zum Alltagsvokabular und hat durch Bücher von Prominenten und Titelseiten von Zeitschriften traurige Berühmtheit erlangt.

Einschlägige Studien bringen es auch immer wieder an den Tag: Deutsche Manager achten weniger auf ihre Gesundheitsvorsorge als ihre internationalen Kollegen. Während es für viele ausländische Manager selbstverständlich ist, sich jährlich einem Check-up zu unterziehen, so gilt dies für die deutschen Führungskräfte deutlich seltener. Auch wenn es ein Allgemeinplatz ist, dass beruflicher Erfolg Leistungsbereitschaft und Engagement voraussetzt, sind die Dinge im Alltag doch komplizierter. Wenn Führungskräfte auf sich selber achten, dann tun sie dies nicht nur für sich. Zum einen sind sie Vorbilder und prägen mit ihren Überzeugungen und Symbolhandlungen die Verhaltensweisen ihrer Mitarbeiter. Zum anderen sind sie durch veränderte Erwartungen der Mitarbeiter und der demografischen Entwicklung herausgefordert. Beide Trendlinien lassen nur einen Schluss zu: Gesundheitliche Aspekte in der Arbeitswelt sind kein sozialromantischer Luxus, sondern betriebswirtschaftliche Notwendigkeit.

Aus diesem Grunde freut es mich besonders, dass zwei Beraterinnen aus unserem Haus sich dem Thema angenommen haben. Der vorliegende Band beschäftigt sich mit Stress. Damit, wie Führungskräfte und Mitarbeiter höchst eigenverantwortlich mit beruflichen Belastungssituationen umgehen können. Welchen persönlichen Beitrag sie für eine langfristige Leistungsfähigkeit erbringen können. Und wie sie ihre persönliche Work-Life-Balance bewahren können.

Ich wünsche diesem Buch eine gute Aufnahme. Möge es einen Beitrag dazu leisten, dass jeder für sich seine Verantwortung für seine Arbeits- und Lebenszufriedenheit in seine Hände nimmt. Wie immer gilt die alte Weisheit: Es gibt keinen Mangel an guten Absichten, nur einen an verwirklichten. Eine informative, unterhaltsame und wirksame Lektüre wünscht

Matthias T. Meifert

Mitglied der Geschäftsleitung und
Herausgeber der Kienbaum-Edition bei Haufe

Schnelleinstieg – Was Ihnen dieses Buch bietet

Stress ist lebensnotwendig. Hellwach und handlungsbereit macht uns die Stressreaktion unseres Körpers in brenzligen Situationen. Vor Tausenden von Jahren bei der Jagd auf wilde Tiere oder auf der Flucht vor ihnen, sorgte die Stressreaktion dafür, dass der Körper Energiereserven mobilisierte. Heute benötigen wir diese Stressreaktionen zum Beispiel, um bei einem Vorstellungsgespräch, einer Produktpräsentation oder auch bei einem Marathonlauf präsent zu sein, schnell zu reagieren und natürlich auch, um durchzuhalten.

Wir brauchen Stress, doch in der richtigen Dosierung *und* in Abwechslung mit Phasen der Entspannung. Stressmanagement hilft Ihnen dabei, die richtige Dosis zu finden und Ihrem Organismus und Ihrer Seele die notwendigen Ruhepausen zu verschaffen. Akzeptieren Sie Stress, deuten Sie ihn in eine positive Herausforderung um und lernen Sie, auf der Stresswelle zu surfen!

Überblick über das Buch

Wie das geht, das wollen wir Ihnen in diesem Buch zeigen: Ermitteln Sie das für Sie persönlich angemessene Stresslevel und etablieren Sie ihn in Ihrem Leben. Erfahren Sie, wo die Stressfallen lauern und wie Sie ihnen entgehen können.

In jedem Kapitel geben wir Ihnen dazu konkrete Beispiele, Übungen und praxiserprobte Tipps, die Sie sofort umsetzen können.

Einleitung: Was ist Stress?

Stressoren, Stressverstärker und Stressreaktion – was eigentlich ist genau Stress? Wir erklären Ihnen, wie der Stress überhaupt entsteht und warum unser eigentlicher Feind der Dauerstress ist.

Der große Stresstest

Finden Sie in vier Einzelschritten genau heraus, was Ihren Stress verursacht und wie Ihre persönlichen Stressreaktionen aussehen.

1. Kapitel: Vom richtigen Umgang mit Stress

Stellen Sie mithilfe einfacher Tests fest, woher Ihr Stress kommt, wie sehr Sie unter Stress stehen und wie Ihre Reaktionen den Stress verstärken. Am Ende des Kapitels legen Sie in Ihrer persönlichen Stressbilanz fest, welche Maßnahmen zur Stressbewältigung Sie zukünftig einsetzen wollen.

2. Kapitel: Wie Sie Ihre Arbeit stressfrei organisieren

In diesem Kapitel bieten wir Ihnen direkt anwendbare Werkzeuge zur stressfreien Organisation Ihres Arbeitslebens. Erfahren Sie
- woher der Stress bei Ihrer Arbeit rührt,
- wie Sie Ihren Arbeitsplatz besser organisieren können,
- wie Sie Ihre persönlichen Leistungshochs am besten nutzen und
- wie Sie die Zeitfresser in den Griff bekommen.

Sie finden hierzu verschiedene Checklisten und Tests, die Ihnen helfen werden, Ihre persönlichen Knackpunkte in den Griff zu bekommen. Die Trainingseinheit zum Abschluss des Kapitels gibt Ihnen Gelegenheit, Ihre Erkenntnisse auszuwerten und konkrete Maßnahmen für die stressfreie Gestaltung Ihrer Arbeit festzulegen.

3. Kapitel: Wie Sie stressfrei denken

Dieses Kapitel befasst sich mit Ihrem persönlichen Stresserleben. Lernen Sie, stressfrei zu denken und sich das Leben damit leichter zu machen. In einem ausführlichen Test machen Sie Ihre persönlichen Stressverstärker dingfest. Wir zeigen Ihnen Methoden, wie Sie gegen die stresserzeugenden Gedanken angehen und Ihr Arbeitsleben damit wesentlich entspannter gestalten können. Auch gegen das Lampenfieber bieten wir Ihnen hier hilfreiche Strategien.

4. Kapitel: Beruf und Privatleben – die richtige Balance finden

Lesen Sie in diesem Kapitel, wie Sie das Verhältnis zwischen Arbeit und Beruf ausgewogen gestalten und Ihr Privatleben so organisieren, dass Sie ausreichend Freiraum für Ihre Erholung finden. Lesen Sie zudem, warum eine gute Work-Life-Balance auch aus betrieblicher Sicht von Vorteil ist.
Eine Trainingseinheit zeigt Ihnen Strategien, wie Sie in Ihrem Arbeits- und Privatleben die richtige Balance finden.

5. Kapitel: Wie Sie sich besser erholen

Ihre Erholung ist die wichtigste Voraussetzung für erfolgreiche Stressbewältigung: Denn nur, wenn Sie gesund bleiben und ausgeruht sind, sind Sie fit für das anspruchsvolle Arbeitsleben! Sie finden in diesem Kapitel Tipps und Strategien für vier Bereiche:

- *Entspannung*: Wir stellen Ihnen die verschiedenen Methoden anschaulich vor und zeigen Ihnen leicht erlernbare Übungen, die teilweise sogar direkt bei der Arbeit anwendbar sind.
- *Schlaf*: Erfahren Sie, wie viel Schlaf Sie benötigen und wie Sie den erholsamen Schlaf bekommen, der Sie gesund und wohl erhält.
- *Bewegung*: Hier lesen Sie, wie wichtig Sport für den Stressabbau ist und wie Sie es schaffen, regelmäßig in Bewegung zu bleiben.
- *Ernährung*: Wie Sie mit guter Nahrung Ihren Körper gesund und widerstandsfähig erhalten – und wie Sie ohne Diäten und Ernährungsstress gut leben!

Außerdem zeigen wir Ihnen einfache Methoden, mit denen Sie im akuten Stressnotfall die Situation entschärfen und neue Kraft gewinnen können.

In der Trainingseinheit am Ende des Kapitels stellen Sie sich Ihr persönliches Erholungsprogramm zusammen. Gönnen Sie sich die Erholung und stellen Sie fest, wie viel besser Sie daraufhin mit Stresssituationen umgehen können!

6. Kapitel: Stress bei Mitarbeitern erkennen und verhindern

Hier finden Sie als Führungskraft wertvolle Informationen, wie Sie die Strategien dieses Buchs gewinnbringend für Ihre Mitarbeiter anwenden können. Konkrete Maßnahmen zur Verbesserung des Arbeitsumfeldes und der Arbeitsanforderungen werden sich schnell in einer zufriedenen Mitarbeiterschaft widerspiegeln. Erfahren Sie, wie Sie Fälle von Mobbing frühzeitig erkennen und ihnen entgegensteuern. Außerdem geben wir Ihnen nützliche Hinweise für das Gespräch mit gestressten Mitarbeitern.

Auch dieses Kapitel enthält eine Trainingseinheit, mit der Sie die Situation in Ihrem Unternehmen analysieren und erfolgreich verbessern können. Zusätzlich geben wir Ihnen Informationen für die Umsetzung eines erfolgreichen betrieblichen Stressmanagements.

7. Kapitel: Soforthilfe Burnout

Chronischer Stress kann in einem Burnout-Syndrom münden, wenn man ihm nicht rechtzeitig begegnet. Damit Sie handeln können, bevor es zu spät ist, erläutern wir, wie das Syndrom entsteht und wie man ihm vorbeugen kann. Ihr eigenes Burnout-Risiko können Sie in einem Test ermitteln – damit Sie frühzeitig reagieren können.

Expertenwissen anwendungsorientiert aufbereitet

Sämtliche Übungen und Expertentipps in diesem Buch sind wissenschaftlich fundiert und gleichzeitig anwendungsorientiert. Sie basieren auf den Erfahrungen der kompetenten Berater der Kienbaum Management Consultants, die zahlreiche Seminare, Trainings und Coachings zur Prävention und Bewältigung von Stress für unterschiedliche Zielgruppen erfolgreich durchführen.

Was ist Stress?

Jeder kennt ihn, jeder ‚hat' ihn, jeder klagt darüber: Stress gehört zum Alltag – im Beruf, in Beziehungen, sogar in der Freizeit. „Hatte ich heute wieder einen Stress!", „Das stresst mich total!", sind allgegenwärtige Aussagen. Aber was genau meinen wir damit?

Stress verstehen
Stress ist nicht gleich Stress! Daher besteht der erste Schritt auf Ihrem Weg zu erfolgreichem Stressmanagement darin, zu verstehen, was Stress ist, wie eine Stressreaktion abläuft und wie Stress auf Ihre Psyche wirkt.

Wie Stress entsteht

„Stress" ist ein vielschichtiges Phänomen. Wenn wir von Stress sprechen, verwenden wir diesen Begriff im alltäglichen Sprachgebrauch in unterschiedlichen Zusammenhängen. Zum einen verstehen wir darunter bestimmte Reizereignisse, die Stress auslösen können, z. B. Zeitdruck. Zum anderen bringen wir mit dem Stressbegriff aber auch unsere subjektive Bewertung dieser Ereignisse zum Ausdruck („Das schaffe ich nie!") und beschreiben außerdem unsere Reaktion darauf.

Stress ist ein umfassendes körperliches und seelisches Phänomen und setzt sich aus vielen verschiedenen physiologischen, emotionalen und verhaltensbeeinflussenden Aspekten zusammen.

Das Stressgeschehen spielt sich auf drei verschiedenen Ebenen ab:

Ebene 1: Stressoren

Stressoren sind die verschiedensten belastenden Bedingungen und Situationen, mit denen Sie konfrontiert werden.

Ebene 2: Stressverstärker

Als Stressverstärker wirkt Ihre individuelle Wahrnehmung und *Bewertung* des Stressors, die auf Ihren persönlichen Motiven, Einstellungen und Erfahrungen beruht. Ihre Bewertung entsteht aus Ihrer Einschätzung: Wie ist die Situation? Besitze ich die Kompetenzen, um damit fertig zu werden? Der Stressverstärker ist das Bindeglied zwischen Stressor und Stressreaktion. Er entscheidet, ob und in welcher Intensität eine Stressreaktion durch einen bestimmten auslösenden Stressor verursacht wird.

Ebene 3: Stressreaktionen

Stressreaktionen sind die individuellen, körperlichen und psychischen *Antworten* Ihres Organismus auf die Stressoren.

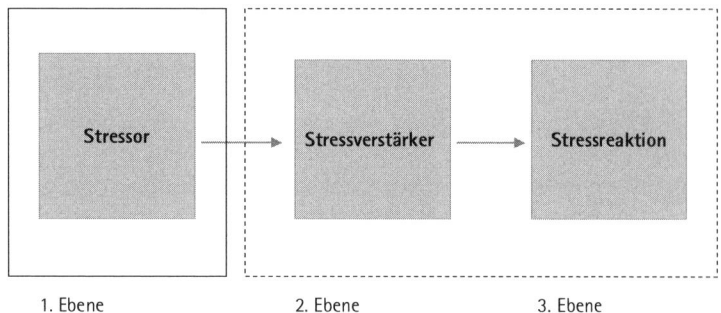

| 1. Ebene | 2. Ebene | 3. Ebene |

Die drei Ebenen des Stressgeschehens

Was bedeutet eigentlich Stress?

Der Begriff „Stress" kommt aus dem Englischen und wurde ursprünglich in der Materialprüfung verwendet. In diesem Zusammenhang verstand man unter Stress die Anspannung und Verzerrung von Metall oder Glas. In der Biologie dient der Begriff „Stress" der Beschreibung einer Anpassungsleistung des Organismus an äußere Anforderungen wie beispielsweise Kälte, Hitze oder Lärm.

In der Psychologie wird der Begriff hingegen zur Bezeichnung von psychischen Spannungs- und Erregungszuständen aufgrund bestimmter Einstellungen, Erwartungshaltungen und Befürchtungen verwendet.

Stress bezeichnet also einen Zustand, in dem wir uns befinden, nicht die Ursache, die diesen Zustand auslöst – diese ist der Stressor. Stress ist ein Reaktionsmuster, mit dem Sie auf ein Ereignis antworten, das Ihr Bewältigungspotenzial auf die Probe stellt.

Vom Stressauslöser zur Stressreaktion

Ob ein Stressor tatsächlich eine Stressreaktion auslöst, hängt von Ihrer subjektiven Einschätzung ab. Je nachdem, ob Sie die Situation als bedrohlich oder als leicht zu bewältigen *bewerten*, empfinden Sie mehr oder weniger Stress. Dies ist wiederum davon abhängig, wie weit die Anforderungen, und Ihre persönlichen Möglichkeiten zu deren Bewältigung, in Ihren Augen auseinanderfallen. Die resultierende Stressreaktion ist die persönliche und ganz individuelle Antwort Ihres Körpers auf einen Stressor und signalisiert Ihnen das Erreichen Ihrer individuellen Belastungsgrenze.

Die Stressreaktion des Körpers

Stress verstehen

Das Wissen über die körperlichen Vorgänge bei einer Stressreaktion kann Ihnen bei Ihrer individuellen Stressregulierung helfen: Wenn Sie verstehen, was mit Ihnen passiert, kann das Ihre eigene Stressempfindung schon reduzieren, da Sie sich dem Geschehen weniger hilflos ausgeliefert fühlen.

In den Anfängen der Stressforschung vermutete man, dass ein Stressor auf jeden Menschen gleich wirkt und zudem, dass verschiedene Stressoren eine weitgehend identische Reaktion im Körper hervorrufen. Heute wissen wir, dass das Stressgeschehen sehr individuell ist und von unserer gedanklichen Bewertung abhängt. Neben dem Ablauf der rein körperlichen Stressreaktion werden in diesem Buch deshalb auch die kognitiven Prozesse beschrieben, die mit der Stressreaktion einhergehen.

Was passiert in Ihrem Körper?

Stress ist eine Alarmreaktion des Körpers auf eine (vermeintlich) drohende Gefahr. Ausgelöst durch den Stressor, also z. B. durch ein bestimmtes Ereignis, erhält das Gehirn über verschiedene Wahrnehmungskanäle den Hinweis, dass nun besonders viel Energie benötigt wird, um mit der Situation zurechtzukommen. Im Gehirn werden verschiedene biochemische Prozesse ausgelöst, die den Körper in die Bereitschaft versetzen, mit einer außergewöhnlichen Belastung fertig zu werden. Der daraufhin ablaufende Stressmechanismus ist das Ergebnis eines äußerst komplexen Zusammenspiels des zentralen Nervensystems, des vegetativen Nervensystems und des Hormonsystems (endokrines System).

Die beteiligten Systeme

Das *Zentrale Nervensystem* umfasst das Gehirn und das Rückenmark. Seine wichtigsten Aufgaben sind die Aufnahme und Verarbeitung von außen kommender Reize sowie die Regulation des Ablaufs aller Körperfunktionen zwischen den Organen und Systemen.

Das *Vegetative Nervensystem* teilt sich in zwei Bereiche: in den Sympathikus, der eine Leistungssteigerung des Organismus bewirkt und bei Angriffs- oder Fluchtverhalten oder außergewöhnlichen Anstrengungen zum Einsatz kommt, und den Parasympathikus, der alle Organe aktiviert, die für Regeneration und Aufbau zuständig sind. Beide Gegenspieler sorgen in einem fein abgestimmten Wechselspiel dafür, dass immer wieder die Balance hergestellt wird.

Unsere Körperfunktionen, d.h. eine große Anzahl von Organen und Systemen, müssen aufeinander abgestimmt und gesteuert werden. Diese Aufgabe übernimmt das *Hormonsystem* durch ein Zusammenspiel von dreißig Hormonen, die von den endokrinen Drüsen (z. B. Hypophyse, Schilddrüse, Nebenniere) gebildet werden.

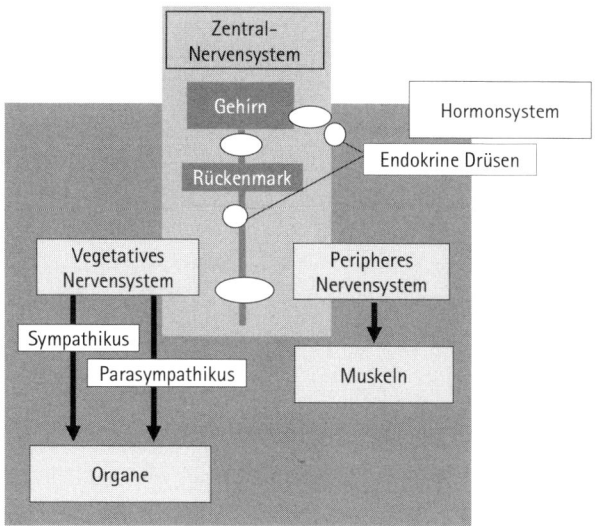

Der Stressmechanismus als Zusammenspiel mehrerer Systeme

Die zwei Achsen der Stressreaktion

Die körperliche Stressreaktion läuft über zwei Achsen im Körper ab, an denen alle drei Systeme beteiligt sind:

1. Sympathikus-Nebennierenmark-Achse

Ausgelöst durch den Stressor wird im Stammhirn Noradrenalin freigesetzt und der Sympathikus aktiviert. Die Nervenenden des Sympathikus schütten dann ihrerseits auch Noradrenalin aus und aktivieren damit die peripheren Organe. Der Sympathikus stimuliert außerdem das Nebennierenmark, vermehrt Adrenalin freizusetzen, welches ins Blut gelangt und dadurch zahlreiche Veränderungen im Körper hervorruft. Gleichzeitig wird die Produktion weiterer Hormone (z. B. des Cortisols) angeregt. Die ansteigende Konzentration dieser Hormone im Blut steigert die Herzfrequenz, erhöht den Blutzuckerwert, die Atmung und den Blutdruck. Gleichzeitig wird das Immunsystem aktiviert, die Bronchien erweitern sich und die Muskeln werden mit Nährstoffen versorgt. Diese Mechanismen versetzen den Körper in Alarmbereitschaft und befähigen ihn zu schnellen Reaktionen. Prozesse, die für die Alarmsituation weniger wichtig sind, wie die Magen-, Darm- und Blasentätigkeit sowie die Durchblutung innerer Organe, werden zurückgefahren. Auf diese Weise wird gewährleistet, dass die zur Verfügung stehenden Energiereserven optimal genutzt werden.

Im Zustand der akuten Stressreaktion sind Sie zu wahren Höchstleistungen fähig. Ihr Körper bereitet sich auf zwei mögliche Reaktionen vor: Angriff oder Flucht. Dies ist ein uraltes Muster, das auf die Zeit zurückgeführt werden kann, zu der es primär darum ging, den Tag zu überleben. Als Antwort auf Bedrohungen bzw. Gefahrensituationen (z. B. bei der Jagd) gab es damals nur diese beiden Alternativen.

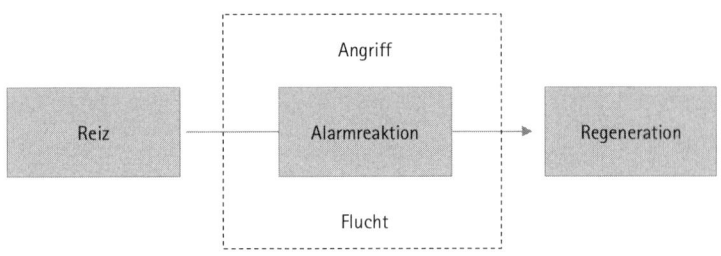

Der Ablauf einer Stressreaktion

2. Hypothalamus-Hypophysen-Nebennierenrinden-Achse

Bei länger andauernden Stressreaktionen startet der Körper eine Gegenreaktion, um die Alarmreaktion abzuschwächen und den hohen Energieverbrauch zu senken. Dafür sorgt der zweite Strang des vegetativen Nervensystems, der Parasympathikus. Er wird auch als „Ruhenerv" bezeichnet, weil er für Ruhe, Erholung und Schonung sorgt. Über Signale aus dem Gehirn (Hypothalamus und Hypophyse) wird durch einen Botenstoff die Nebennierenrinde zur Produktion von Adrenalin und Cortisol stimuliert.

Im Idealzustand funktioniert das Zusammenspiel zwischen Sympathikus und Parasympathikus harmonisch. Die beiden Systeme arbeiten in unserem Körper zusammen, und die Hormonausschüttung über die Sympathikus-Achse geht durch die anschließende para-sympathische Aktivierung zurück.

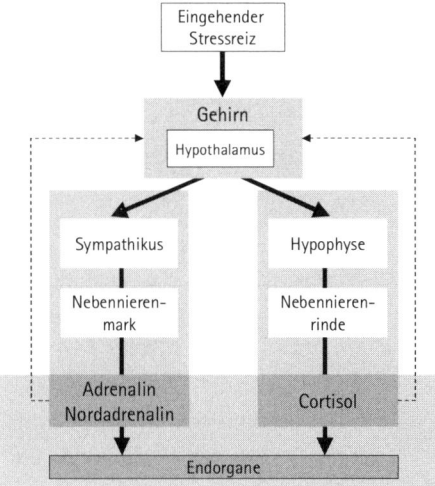

Körperliche Vorgänge bei der Stressreaktion

Stress ist „selbstgemacht"

Wie lässt es sich erklären, dass die Stressreaktion nicht durch jeden Stressor bei jeder Person und schon gar nicht in derselben Weise hervorgerufen wird? Weshalb stellt ein und derselbe Reiz für den einen eine große Belastung dar, für den anderen aber nicht?
Die moderne Stressforschung sieht Stresssituationen als komplexe Wechselwirkungsprozesse zwischen den Anforderungen der jeweiligen Situation und der handelnden Person. Man weiß heute, dass eine Person nicht *direkt* auf einen bestimmten Stressor reagiert.

Ihre Bewertung entscheidet

Im physiologischen Sinne ist Stress zwar eine Reaktion des Körpers (gerichtet auf Angriff oder Flucht), Stress entsteht aber nicht durch das Ereignis selbst, sondern durch Ihre persönliche Interpretation der Situation. Derselbe Stressor löst nicht bei jedem Menschen eine

19

vergleichbare Reaktion aus. Was für Sie Stress bedeutet, wird von Ihrer Arbeitskollegin vielleicht noch lange nicht als Stress empfunden und umgekehrt. Wie Ihr Körper reagiert, beeinflussen Sie dadurch, wie stressauslösend Sie eine Situation bewerten – Sie machen sich Ihren Stress also zum Teil selbst.

Beispiel: Individuelle Bewertung von Stress

Wer Angst davor hat, auf fremde Menschen offen zuzugehen, empfindet Stress, wenn er beispielsweise mit wildfremden Menschen Small Talk halten muss. Ein erfahrener Vertriebsmitarbeiter hingegen, der tagtäglich auf fremde Menschen zugehen muss, wird neuen Menschen aufgeschlossen entgegentreten und keinerlei Stress dabei empfinden.

Es ist Ihre individuelle Bewertung, die die entsprechende Reaktion auslöst – wobei auch diese höchst unterschiedlich ausfallen kann. In diesem Zusammenhang ist entscheidend, ob Sie glauben, eine Situation erfolgreich bewältigen zu können oder ob Sie annehmen, dass sie Ihre Kräfte übersteigen wird.

Faktoren wie ein stabiles Selbstbild oder eine starke Überzeugung, die eigene Umwelt beeinflussen zu können, sind entscheidende Größen bei der Entstehung des Stressempfindens.

Das Stressgeschehen als individuelles Gesamtprodukt

Das Stressgeschehen in seiner Gesamtheit ist also als ein Produkt zu verstehen. Es ergibt sich aus dem einwirkenden Stressor und den ausgelösten kognitiven Bewertungen. Zunächst wird dabei geprüft, ob es sich bei dem Stressor um ein Ereignis handelt, dessen Bewältigung problemlos möglich ist, oder ob er möglicherweise eine Bedrohung darstellt. Sollte er bedrohlich sein, findet in einem zweiten Schritt die Prüfung statt, ob und welche persönlichen Ressourcen zur Verfügung stehen, um mit dem Stressor umzugehen. Erst wenn sich bei dieser Prüfung herausstellt, dass es sich tatsächlich um eine neue oder sehr intensive Herausforderung handelt, ergeben sich daraus Stressreaktionen – und diese sind ebenfalls wieder individuell.

Beispiel: Individuelle Stressreaktion

Auch auf der Ebene der individuellen Stressreaktionen existiert eine große Bandbreite, wie sich „Stress" unterschiedlich äußern kann: Eine Person, die Angst hat, vor einer großen Gruppe zu sprechen und in dieser Situation starken Stress und große Anspannung empfindet, schläft möglicherweise in der Nacht davor schlecht. Eine andere macht Überstunden, um sich aufs Genaueste vorzubereiten. Eine dritte Person lässt ihren Ärger zu Hause an ihren Kindern aus, und eine vierte kann sich nicht konzentrieren.

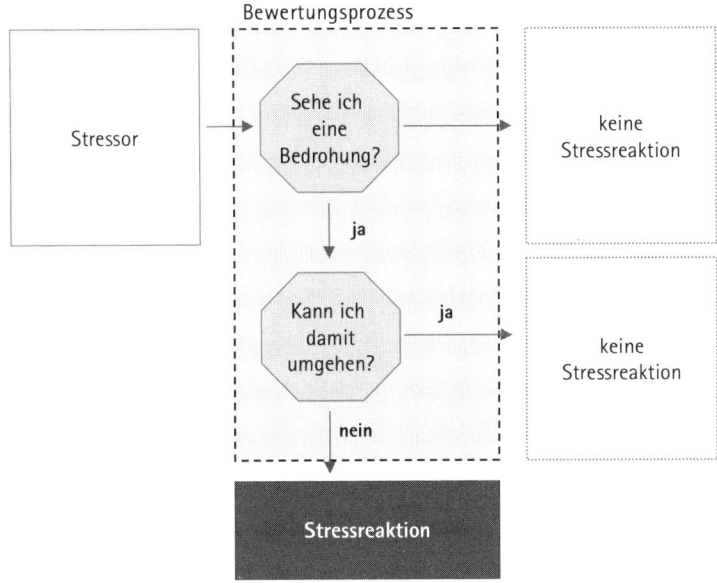

Ein Modell für die Entstehung von Stress

Was ist das Gute an Stress?

Von den meisten Menschen wird Stress als etwas Negatives und Störendes betrachtet, als etwas, das es zu vermeiden gilt. Stress ist aber nicht grundsätzlich schlecht, sondern ein sinnvolles Notfallprogramm, das sich schon seit Jahrtausenden bewährt hat. Die Stressreaktion unseres Körpers hilft uns, mit auftretenden Belastungen gut umzugehen. Unser natürliches Gleichgewicht wird immer wieder gestört: Das Reaktionsmuster „Stress" hilft uns, wieder zu ihm zurückzufinden. Dadurch wird im Idealfall ein angemessenes Belastungsniveau gehalten, das unseren Körper und Geist im positiven Sinne aktiviert.

Ohne Stress keine Leistung und keine Weiterentwicklung

Die „richtige" Dosis Stress hat eine Art Trainingseffekt, so wie auch Muskeln durch Beanspruchung wachsen und das Herz-Kreislauf-System durch Anstrengung gestärkt wird. Gemeisterter Stress stärkt nicht nur unser Selbstbild, sondern macht uns auch geistig fit. Die erhöhte Aufmerksamkeit und die Wachheit treiben uns zu Höchstleistungen an und motivieren uns. Durch die Ausschüttung von Botenstoffen, die dem Gehirn helfen, sich auf wichtige Informationen zu konzentrieren, werden wir schlagartig wacher, aktiver und leistungsfähiger. Dadurch trainiert Stress Ihre Fähigkeiten, bei Herausforderungen zu guten Lösungen zu gelangen. Ihr Gehirn merkt sich das Verhaltensmuster, mit dem Sie ein Problem gelöst haben; es legt neuronale Verschaltungen an, über die Sie künftig in einer ähnlichen Situation schneller zur Lösung gelangen. In der Hirnforschung werden diese Prozesse „Bahnungen im Rahmen einer kontrollierten Stressreaktion" genannt – aus Stresserfahrungen lernen wir.

Stress hält uns im Gleichgewicht

In Urzeiten war Stress wichtig: als das Überleben sichernder Mechanismus, um für Angriffs- oder Fluchtreaktionen schnell hohe Energiereserven bereitzustellen. In der anschließenden Erholungsphase konnten neue Kräfte gesammelt werden. Dieser rhythmische Wechsel von Anspannung und Entspannung stabilisiert auch heute noch langfristig unsere Gesundheit: Die Anspannungsphasen helfen uns, besondere Schwierigkeiten zu überwinden; die Entspannungsphasen kräftigen das Immunsystem und stärken den Organismus für den nächsten Stressreiz. So sichert Stress – wenn er nicht zu lange anhält – als produktive und sinnvolle Reaktion des Körpers unser Gleichgewicht.

Beispiel: Die Stressimpfung

Auf die heutige Form der Stressoren übertragen, bedeutet Lernen aus Stresserfahrung zum Beispiel, dass ein Kundentermin, der Sie vorab sehr nervös gemacht hatte, erfolgreich verlaufen ist. Solche Erfolgserlebnisse sind ein sehr positiver Aspekt von Stress, da sie uns für weitere Stressoren derselben Art regelrecht „impfen" – nach mehreren erfolgreichen Kundenterminen lässt in der Regel das Stresserleben deutlich nach.

Gibt es positiven und negativen Stress?

Ob wir eine freudig erregende Situation erleben oder ob wir unter starkem Arbeitsdruck stehen: Unsere physiologische Stressreaktion ist im Grunde immer dieselbe. Beim Bungeesprung und beim Stehen im Stau geschehen ähnliche Dinge in unserem Körper – und diese kurz andauernde körperliche Aktivierung hat in der Regel auch keine gesundheitsschädlichen Auswirkungen. Stress ist also per se nichts Negatives. Aktuelle Forschungsbefunde zeigen allerdings, dass die Bewertung der konkreten Situation auch eine ganz entscheidende Rolle für den Stressabbau spielt: Wir erholen uns schneller, wenn unser Stress durch angenehme Ursachen hervorgerufen wurde. Verantwortlich dafür ist die Ausschüttung von Glückshormonen, die dazu führt, dass unser Körper schneller wieder „herunterfährt".

Wo liegt die richtige Dosis Stress?

Wenn nun Stress nicht an sich „gut" oder „schlecht" ist – wo liegt dann die ideale Dosis? Die Antwort darauf zeigt die folgende Darstellung. Die optimale Leistung erbringen wir bei einem mittleren Ausmaß an Stress. Erst durch Überforderung, aber eben auch durch Unterforderung, nimmt unsere Leistungsfähigkeit ab.

Dauerstress: Der eigentliche Feind

Heute sind es Zeitnot, Hektik, Erfolgsdruck oder die Angst vor dem Arbeitsplatzverlust, die unseren Alltag prägen. Auch wenn es Ihnen manchmal so vorkommt: Um einen Kampf auf Leben und Tod geht es dabei aber meist nicht mehr. Viele Stresssituationen, denen Sie ausgesetzt sind, müssen Sie aushalten, ohne (im tatsächlichen Sinn) angreifen oder fliehen zu können.

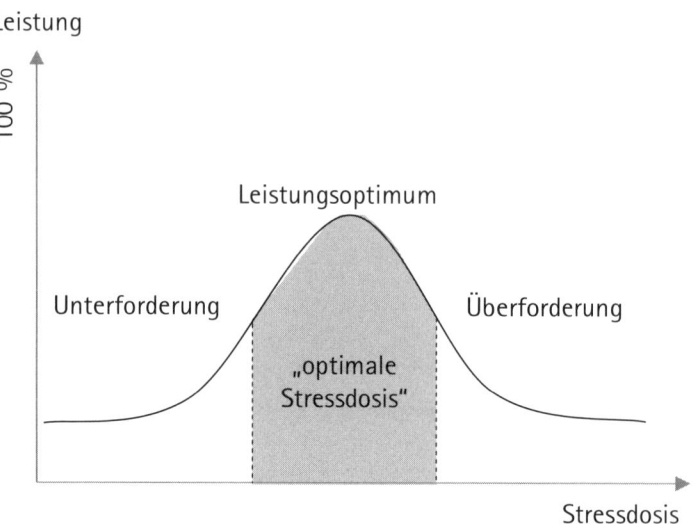

Die optimale Stressdosis

Die körperliche Stressreaktion läuft allerdings trotzdem ab. Die dadurch bereitgestellte Energie können Sie aber in den meisten Fällen nicht für die ursprünglich vorgesehene Reaktion, also Angriff oder Flucht, einsetzen. Wenn sie nicht auf andere Weise abgebaut wird, richtet sie sich gegen Ihren eigenen Körper.

Zum Problem wird Stress also erst dann, wenn er Ihren Körper nicht nur gelegentlich überfällt, sondern ständig präsent ist. Das körpereigene Stressprogramm war ursprünglich für kurzfristige Notfallsituationen angelegt. Diese physiologische Stressreaktion, die auf Angriff oder Flucht ausgerichtet ist, ist aber für sehr viele unserer „modernen" Stressoren nicht immer angemessen.

Heute stehen wir im Gegensatz zu unseren urzeitlichen Vorfahren nämlich eher unter „Dauerstrom". Ständig neue Herausforderungen und Veränderungen verlangen von uns, dass wir uns laufend anpassen, flexibel reagieren und Neues lernen.

So entsteht Dauerstress, unser eigentlicher Feind. Denn wenn die Anforderungen zur dauerhaften Belastung werden, und die Entspannungs- und Erholungsphasen fehlen, hat Stress negative

Auswirkungen. Aus Anspannung wird Verspannung. Die permanente Hormonausschüttung versetzt den Köper in Dauerbereitschaft. Chronischer Stress führt zu Überforderung und Leistungsabfall, gleichzeitig erhöht er das Risiko von Erkrankungen. Von genau dieser Problematik ist heute der Berufsalltag vieler Menschen geprägt. Mehr dazu lesen Sie in Kapitel 7: Soforthilfe Burnout.

Wie Dauerstress Sie krank macht

Die durch einen Stressor ausgelöste Stressreaktion ist nicht grundsätzlich gesundheitsschädlich. Wenn die kurzfristige Aktivierung sich immer wieder mit Phasen der Entspannung abwechselt, ist Stress etwas Positives, Motivierendes und Leistungsförderndes. Stressreaktionen, die über einen längeren Zeitraum bestehen, stören hingegen das Anpassungsvermögen des Organismus. Wenn die stressauslösenden Faktoren länger bestehen, geschieht folgendes:

- Zunächst kann die durch die körperliche Stressreaktion im Körper bereitgestellte Energie häufig nicht ausreichend wieder abgebaut werden.
- Durch die anhaltende und immer wiederkehrende Belastung einerseits, und die fehlende Erholung andererseits, entsteht ein chronisch erhöhtes Erregungsniveau.
- Die ständig erhöhte Ausschüttung von Hormonen und Botenstoffen stört die Funktionsweise des Immunsystems und schwächt so die Abwehrkräfte.
- Nicht zuletzt entwickeln viele Menschen unter Dauerstress ungesunde Verhaltensweisen, die ihrerseits zu ernsthaften Erkrankungen führen können.

Auf diese Weise ziehen die zunächst kurzfristigen körperlichen Stressreaktionen gravierende und weitreichende gesundheitsschädliche Auswirkungen nach sich.

Die körperlichen Auswirkungen von Dauerstress

Häufig bleibt aber gar keine Zeit für Entspannung und Erholung, bevor der nächste Stressreiz folgt und den Mechanismus erneut auslöst. Statt in einer Balance von regelmäßiger Anspannung und Entspannung bleibt die zweite Stressachse dauerhaft aktiviert. Nach der Alarmreaktion kommt es nicht zur Regenerationsphase: Auf diese Weise entsteht Dauerstress.

Der Organismus befindet sich dann in einer ständig erhöhten Widerstandsbereitschaft und passt sich an die dauerhaft erhöhten, also chronischen Belastungen an. Der empfindliche Regelkreis der beiden Stressachsen wird dadurch langfristig aus der Bahn geworfen. Bleibt die Adrenalin-, Noradrenalin- und Cortisolausschüttung konstant hoch, wirkt sich das auf zahlreiche Körperfunktionen negativ aus. Da die sich gegenseitig ausgleichenden Prozesse von Erregung und Beruhigung nicht mehr optimal miteinander wirken können, kommt es zu Problemen bei der Energiebereitstellung und damit zu starken Erschöpfungsanzeichen.

Beispiel: Funktionsstörungen bei Dauerstress

Es ist empirisch erwiesen, dass ein dauerhaft erhöhter Hormonspiegel, wie er unter Dauerstress entsteht, zahlreiche Funktionsstörungen hervorrufen kann. Es können Appetit- und/oder Schlafstörungen resultieren, aber auch Diabetes, Muskelschwund, Gedächtnisstörungen oder Impotenz, um nur einige der negativen Folgen zu nennen.

Auch die Schwächung der Immunabwehr durch einen dauerhaft erhöhten Cortisolspiegel ist erwiesen: In Belastungsphasen kommt es zunächst zu einem immunstimulierenden Effekt. Ihnen folgt eine vermehrte Ausschüttung von Cortisol, die regulierend und somit unterdrückend auf das Immunsystem wirkt, um eine überschießende Reaktion zu verhindern. Bei lang anhaltenden Belastungen ist die Ausschüttung von Cortisol wesentlich höher als bei einem einmaligen, gravierenden Stressereignis. Diese andauernde Überlastung führt mit der Zeit zu einer Schwächung des Immunsystems. Hieraus resultieren gesundheitliche Folgen wie eine generell erhöhte Krankheitsanfälligkeit im Bereich der Atemwege sowie für das Herpes-Virus und das Wachstum von Tumorzellen. Neuere Forschungsergebnisse zeigen zudem, dass sich auch ein gegenteiliger Effekt einstellen kann, bei dem die Cortisolausschüttung gebremst wird und die überschießende Immunaktivität zu allergischen Reaktionen, Entzündungen und Autoimmunerkrankungen führt. Die Wirkmechanismen dieser immunmodulatorischen Prozesse werden derzeit intensiv erforscht.

Langfristige Folge von Dauerstress: Die allostatische Last

Unser Organismus besitzt einen langfristigen Anpassungsmechanismus an chronische Belastungen – in diesem Zusammenhang steht auch die oben beschriebene Stressadaptation durch verstärkte Ausschüttung von Cortisol. Diesen Mechanismus nennt man „Allostase". Durch chronischen Stress kommt es zu einer Belastungsakkumulation und die Selbstregulation wird gestört. Man spricht dann von einer „allostatischen Last", die man auch als „verborgene Kosten" für chronische Belastungen über längere Zeit hinweg bezeichnen könnte. Häufig werden zu diesen allostatischen Lasten auch die begleitenden Veränderungen im persönlichen Verhalten (Rauchen, ungesundes Essen, Alkoholkonsum, zu wenig Schlaf) gerechnet.

Die allostatische Last ist ein Maß dafür, wie stark das Gleichgewicht des Körpers gestört ist. Eine hohe allostatische Last führt zur Abnutzung und zum Verschleiß der körperlichen Ressourcen und erhöht die Gesundheitsrisiken sowohl auf der körperlichen als auch auf der psychischen Ebene.

Eine allostatische Last kann entstehen, wenn der Organismus über einen längeren Zeitraum vielen belastenden und neuen Ereignissen ausgesetzt ist, also dauerhaft erhöhte Stressreaktionen auftreten. Ebenso kann sie sich aufbauen, wenn die physiologische Stressreaktion beim wiederholten Erleben gleicher Belastung in ihrem Ausmaß nicht abnimmt, die Adaption an ähnlichen Stressreizen also nicht funktioniert. Eine allostatische Last entsteht außerdem, wenn die physiologische Stressreaktion insgesamt entweder zu stark (keine Erholungsphase) oder zu schwach ausfällt.

Der Körper kann dann auch in Phasen, in denen gar keine akute Belastung vorliegt, nicht mehr auf sein Ruheniveau zurückkehren. Wenn die Belastung durch extremen Dauerstress (der in diesem Stadium aufgrund des nach oben verschobenen „Sollwertes" schon gar nicht mehr als solcher wahrgenommen wird) zu lange andauert, kann der Organismus die Hormonausschüttung nicht mehr aufrechterhalten. Die Anpassung an den Dauerstress ist nicht mehr möglich und im schlimmsten Fall bricht das komplette System zusammen.

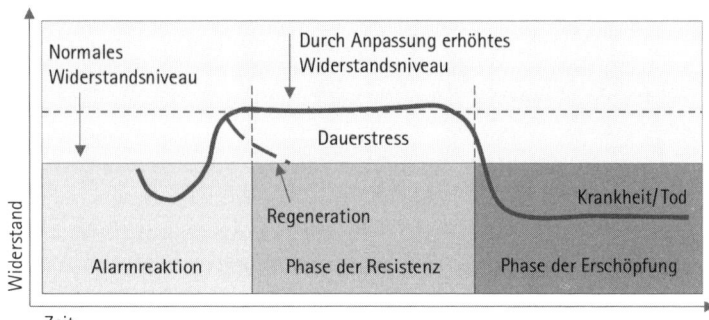

Die langfristigen Folgen von Dauerstress

Gesundheitliche Auswirkungen von Dauerstress

1. Kognitive Ebene

- Wahrnehmungsverschiebungen
- Scheuklappenverhalten/Realitätsflucht
- Lern- und Gedächtnisstörungen
- Verlust von Kreativität
- Rückgang von Interessen
- Alpträume
- Geistige Erschöpfung/Leere

2. Emotionale Ebene

- Angststörungen
- Depressionen
- Apathie
- Persönlichkeitsstörungen
- Emotionale Erschöpfung
- Gefühlsarmut
- Allgemeine Lustlosigkeit

3. Physische Ebene

- Herz-Kreislauf Beschwerden (Herzrasen, Herzstolpern, Erhöhung des Infarktrisikos)
- Magen-/Darmgeschwüre
- Schlafstörungen und chronische Müdigkeit
- Anfälligkeit für Infektionen
- Verschiebungen des Hormonhaushaltes
- Veränderungen des Cholesterinspiegels
- Zyklusstörungen

- Verminderte Zeugungsfähigkeit und sexuelle Funktionsstörungen
- Hautveränderungen
- Übermäßiges Schwitzen
- Atembeschwerde Allgemeine Verspanntheit
- Neigung zu Krämpfen
- Muskelzittern
- Entspannungsunfähigkeit
- Rückenschmerzen
- Kopfschmerzen

Der große Stresstest: Erkennen Sie Ihr Stressverhalten

Der erste und entscheidende Meilenstein auf dem Weg zum besseren Umgang mit „Ihrem" Stress besteht darin, dass Sie Ihre *Stressoren*, Ihre *Stressverstärker* und Ihre spezifischen *Stressreaktionen* analysieren. In diesem Kapitel führen wir Sie in vier Schritten zu Ihrer persönlichen Stressbilanz. Die Fragen der einzelnen Schritte lauten:
1. Schritt: Was verursacht Ihren Stress?
2. Schritt: Wie bewerten Sie Stresssituationen?
3. Schritt: Was sind Ihre Stressreaktionen?
4. Schritt: Ziehen Sie Ihre persönliche Stressbilanz.

Zu jedem dieser vier Schritte geben wir Ihnen praxiserprobte Tests an die Hand, mit deren Hilfe Sie Ihr Stressverhalten analysieren können. Alle Informationen, die Sie zum Verständnis der einzelnen Schritte benötigen, finden Sie jeweils vor den einzelnen Tests. Die Themen der Tests lauten:
Test 1: Was sind Ihr persönlichen Stressauslöser?
Test 2: Welche sind Ihre typischen Stresssituationen?
Test 3: Erstellen Sie ein Stressprotokoll
Test 4: Bewerten Sie Ihre persönlichen Stresserlebnisse
Test 5: Ermitteln Sie Ihre Stressintensität
Test 6: Erkennen Sie Ihre Belastungshierarchie
Test 7: Typischen Ablauf einer Stressreaktion nachvollziehen
Test 8: Ablauf Ihrer Stressreaktion auf vier Ebenen
Zusammenfassung: Meine persönliche Stressbilanz

Ausblick auf die nachfolgenden Kapitel

Die folgenden Kapitel machen Sie mit Strategien und Techniken vertraut, die Sie zur Vorbeugung und Bewältigung einsetzen können. Zusätzlich bieten wir Ihnen weitere Kienbaum-Kompetenztests, mit denen Sie einzelne Aspekte eingehender analysieren können. Das wird Sie in die Lage versetzen, Ihr Stressverhalten positiv zu verändern.

1. Schritt: Was verursacht Ihren Stress?

Unter Stressoren verstehen wir alle äußeren und inneren Anforderungen an den Organismus, die in irgendeiner Form eine Anpassungsleistung (adaptive Reaktion) erforderlich machen. Ein Stressor ist also ein auftretender Stressfaktor – ein Reiz oder ein bestimmtes Ereignis. Unter Umständen *kann* dieser bei Ihnen als Stressauslöser wirken und eine bestimmte körperliche oder auch seelische Reaktion auslösen, *muss* es aber nicht!

Dies hängt – mit Ausnahme physikalisch/physischer Stressoren – allein von Ihrer persönlichen Bewertung ab (mehr dazu lesen Sie im folgenden Abschnitt). Eine Stunde in öffentlichen Verkehrsmitteln auf dem Weg zur Arbeit zu verbringen, verursacht vielen Menschen starken Stress. Für Sie ist es dagegen möglicherweise die wertvollste Stunde des Tages, weil es Ihre einzige Gelegenheit ist, in Ruhe zu lesen oder ein Hörbuch anzuhören.

Beispiel: Stressoren

- Physikalische Stressoren: Hitze, Lärm, Kälte, Umweltbelastungen, schlechtes Licht, unvorteilhafte Arbeitsplatzgestaltung ...
- Physische Stressoren: Verletzung, Schmerzen, Hunger ...
- Leistungsstressoren: Überforderung, Unterforderung, ständige Veränderungen, Prüfungen, Stress am Arbeitsplatz, finanzielle Sorgen, Angst vor Arbeitsplatzverlust, Zeitdruck, Informationsüberflutung durch zahlreiche Kommunikationskanäle wie private und geschäftliche E-Mails, Skype, Handy, SMS, Chat, Facebook ...
- Soziale Stressoren: Konkurrenz, Isolation, Beziehungsprobleme, Doppelbelastung Beruf/Familie, Einsamkeit, Probleme mit Vorgesetzten oder Kollegen ...

Wir können die Stressoren nach ihrer Intensität in folgende Kategorien einteilen:
- Kritische Lebensereignisse
- Alltägliche Ärgernisse
- Chronische Stressoren
- Traumatische Ereignisse

Kritische Lebensereignisse

Lange Zeit wurde die These vertreten, dass insbesondere tiefgreifende Lebensereignisse sowie länger andauernde oder schwerwiegende Belastungen stressauslösend wirken (z. B. Tod des Partners, Scheidung, ernsthafte Erkrankung, finanzielle Krise etc.). Inzwischen weiß man aber, dass die Art der Verarbeitung durch den betroffenen Menschen ausschlaggebend dafür ist, ob es in der Folge eines kritischen Ereignisses zu gesundheitlichen Störungen kommt oder nicht. Mit einschneidenden Stresssituationen, sogenannten kritischen Lebensereignissen, können wir tatsächlich oft erstaunlich gut umgehen. Sie bleiben dabei zwar eine große Belastung, mobilisieren aber häufig auch ungeahnte Kraftreserven.

Alltägliche Ärgernisse: Daily hassles

Die aktuelle Stressforschung hat gezeigt, dass Stress eben nicht nur von schwerwiegenden Belastungen oder gar lebensbedrohlichen Situationen ausgeht, sondern dass auch kurzzeitige Stressbelastungen im Alltag, sogenannte „daily hassles" (aus dem Englischen: alltägliche Ärgernisse), eine vergleichbare oder sogar größere Stressintensität erreichen können. Was ist Ihnen gestern passiert? Vermutlich haben Sie nicht Ihren Job verloren oder eine Notlandung mit dem Flugzeug erlebt. Wahrscheinlicher ist es, dass Ihnen schon wieder jemand die Sonntagszeitung geklaut hat, Sie Ihr Handy zu Hause vergessen haben oder zu einem wichtigen Termin zu spät gekommen sind. Es sind vor allem diese vielen kleinen Ärgernisse (Termindruck, Lärm, ungenaue Arbeitsanweisungen, Ärger mit Kunden, Autofahrt in Stauzeiten, zu wenig Schlaf, Telefonklingeln etc.), die zu einem anhaltenden Gefühl von Stress führen. Sie belasten uns auf Dauer weitaus mehr und sind häufig für die Entstehung von stressbedingten Folgeschäden verantwortlich.

Chronische Stressoren

Unsere körperliche Stressreaktion war ursprünglich für akute Stresssituationen konzipiert. Neben akuten Stressoren – die einen klaren Beginn und vor allem auch ein Ende haben – sind wir aber häufig auch chronischen Stressoren ausgesetzt, die über längere Zeit andauern. Der Verlust des Arbeitsplatzes kann ein einmaliges, sehr belastendes Stressereignis sein. Aber auch die ständige unterschwellige Angst vor einem Arbeitsplatzverlust, in einer unsicheren Branche oder in wirtschaftlichen Krisenzeiten, kann zu chronischem Stress mit weitreichenden Folgen für die körperliche und psychische Gesundheit führen.

Traumatische Ereignisse

Manche Ereignisse sind so unvorhersehbar, unkontrollierbar und katastrophal, dass sie unverhältnismäßig viel Stress erzeugen. In diese Kategorie fallen zum Beispiel verheerende Naturkatastrophen, wie Erdbeben oder Tornados, und terroristische Anschläge.

Auf der individuellen Ebene zählen schwere Unfälle oder eine Vergewaltigung dazu. Die in solchen Fällen auftretende Stressreaktion wird „posttraumatische Belastungsstörung" genannt.

Stressereignisse dieser Größenordnung werden im Rahmen des vorliegenden Buches nicht behandelt, da sie über das Stressempfinden hinausgehen, das ohne professionelle Unterstützung noch handhabbar sein kann.

Was sind Ihre persönlichen Stressauslöser?

Machen Sie zu Beginn der Arbeit mit diesem Buch eine Momentaufnahme und beantworten Sie die folgenden Fragen: Woher kommt Ihr Stress? Welche spezifischen Stresssituationen fallen Ihnen ein?

Test 1: Ihre persönlichen Stressauslöser

Nehmen Sie sich zunächst Zeit herauszufinden, was Stress für Sie persönlich bedeutet:

- Was setzt mich unter Druck?
- Worüber ärgere ich mich?
- Was macht mich hilflos?
- Was belastet mich?
- Womit belaste ich mich selbst?
- Wovon fühle ich mich überfordert?

Test 2: Ihre typischen Stresssituationen

Mit diesem Test erhalten Sie eine Momentaufnahme Ihrer Situation. Nehmen Sie ein Blatt Papier und notieren Sie alle Stresssituationen, die Ihnen spontan einfallen, zum Beispiel:

- Stress, am Morgen rechtzeitig zur Arbeit zu kommen
- Stress durch Staus auf dem Weg zur Arbeitsstelle
- Stress mit meinem Vorgesetzten/den Mitarbeitern
- Stress mit Kollegen, der seine Aufgaben auf mich abschiebt
- Stress durch zu viele Aufgaben und fehlenden Überblick
- Stress durch Zeit- und Leistungsdruck

Genauere persönliche Bestandsaufnahme

Um eine genauere persönliche Bestandsaufnahme zu erhalten, können Sie diesen Test über einen längeren Zeitraum durchführen.

- Beginnen Sie mit einer systematischen Aufzeichnung Ihrer Stresserlebnisse über mindestens die nächsten vier Wochen oder sogar über mehrere Monate.
- Notieren Sie in diesen Aufzeichnungen, wann und wie oft Sie sich gestresst fühlen.
- Stellen Sie fest, unter welchen Rahmenbedingungen und in welchen Zusammenhängen Sie Stress empfinden. Möglicherweise sind es immer wiederkehrende Umstände und Situationen oder auch bestimmte Personen, die Sie „unter Strom setzen".
- Notieren Sie in diesen Aufzeichnungen am besten auch gleich Ihre individuellen Reaktionen auf die Stresssituationen, da Sie sich später mit diesen auseinandersetzen werden.

Test 3: Erstellen Sie ein Stressprotokoll

Anhand eines Stressprotokolls finden Sie die Situationen heraus, in denen Sie Stress empfinden. Sie können analysieren, wann und wie sich der Stress bemerkbar macht. Was geschah mit Ihnen in der jeweiligen Situation? Dafür sollten Sie erfassen, wie Sie reagiert haben.

Verwenden Sie ein kleines Heft für Ihre Aufzeichnungen oder einen Kalender nur für diesen Zweck. Wichtig ist, dass Sie Ihre Aufzeichnungen immer bei sich führen, um regelmäßig Eintragungen machen zu können.

33

Tag/Uhrzeit	Tätigkeit	Stressauslöser	Meine Reaktionen

2. Schritt: Wie bewerten Sie Stresssituationen?

Sie reagieren nie direkt auf einen Stressor, sondern auf das, was Ihre Wahrnehmung und Ihre eigene Interpretation Ihnen vermitteln. Von dieser kognitiven *Bewertung* hängt es ab, ob Sie einen Stressreiz als solchen wahrnehmen, und in welcher Form und Intensität eine Stressreaktion erfolgt.

Das Erleben und Bewerten von Stresssituationen ist abhängig von zahlreichen Faktoren (Erziehung, Kultur, Wissen, Erfahrung, Anwendung von Bewältigungsstrategien etc.). Erst Ihre individuelle Bewertung lässt einen Reiz als Stressor erscheinen. Was für Sie einen Stressor darstellt, muss für Ihren Kollegen noch lange keiner sein. Ebenso kann ein unter normalen Umständen positiv bewerteter Reiz (z. B. ein Gespräch mit einem Kollegen) bei zu intensivem Auftreten negativ bewertet und damit zum Stressor werden (z. B. wenn der Kollege fünfmal am Tag auf ein Schwätzchen an Ihrem Schreibtisch vorbeispaziert und Sie aus Ihrer Konzentration reißt).

Test 4: Bewerten Sie Ihre persönlichen Stresserlebnisse
Stress ist eine subjektive und persönliche Angelegenheit. Was Sie als Stress empfinden, stellt möglicherweise für Ihren Kollegen oder Bekannten eine Situation dar, die ihn in keiner Art und Weise beeindruckt. Bitte überlegen Sie sich eine Situation in Ihrem Arbeits- oder Privatleben, die Sie als sehr „stressig" empfinden, und in der ein anderer Mensch (Freund, Kollege, o. ä.) entgegen Ihren Erwartungen vollkommen gelassen reagiert.

Stress entsteht aus einem Zusammenwirken von Faktoren der Außenwelt und Faktoren der Innenwelt. Rahmenbedingungen und Verhaltensweisen, die Stress intensivieren, sind beispielsweise:

- mangelnde Belastbarkeit
- Wirkkräfte, die an der Widerstandskraft zehren, z. B. Unzufriedenheit oder Ungeduld
- übermäßige Eigenerregung, indem man sich bewusst Stresssituationen aussetzt
- mangelnde Fähigkeit, mit unterschiedlichem Kraftaufwand zu arbeiten (Priorisierung)
- eingeschränkte Fähigkeit, durch sinnvoll gestaltete Erholungszeiten neue Reserven zu bilden

Ihre persönliche Stressintensität ermitteln

Sie haben sich bereits damit beschäftigt, welche Stressfaktoren in Ihrem Leben auftreten, und dabei wahrscheinlich schon bemerkt, dass sich nicht jeder Stressfaktor gleich stark auf Ihr Stressempfinden und Ihre nachfolgende Reaktion auswirkt.

Mit den beiden folgenden Tests und der Auswertungshilfe können Sie dieser Differenz nachspüren und Ihre persönliche Stressintensität und die Belastungshierarchie ermitteln.

Test 5: Ermitteln Sie Ihre Stressintensität

Dieser Test kann Ihnen bei der Beurteilung Ihrer Stressintensität helfen. Gehen Sie bitte in folgenden Schritten vor:

1. Ergänzen Sie zunächst die aufgelisteten Stressoren am Ende des Formulars um Ihre eigenen Beispiele, die Sie Ihrem Stressprotokoll entnehmen (Test 3).

2. Beurteilen Sie dann für jeden Stressor (in den ersten vier schmalen Spalten), wie häufig er auftritt. Notieren Sie dazu die entsprechende Ziffer in dem jeweiligen Kästchen (0 = nie, 1= manchmal, 2 = häufig, 3 = sehr oft).

3. Anschließend überlegen Sie, wie unangenehm das jeweilige Stressereignis für Sie ist und notieren Sie dies unter „Bewertung". Setzen Sie dazu die entsprechende Ziffer für die Häufigkeit in das jeweilige Kästchen.

4. Multiplizieren Sie die einzelnen Werte pro Zeile und tragen Sie das Ergebnis in die freie Spalte ganz rechts ein.

35

Meine Stressintensität								
	Häufigkeit			Bewertung				
Stressoren	nie	manchmal	häufig	sehr oft	nicht störend	kaum störend	störend	stark störend	Produkt
	0	1	2	3	0	1	2	3	
Musterzeile			2					3	6
Termindruck, Hetze									
Störende Arbeitsumgebung									
Arbeitsüberlastung									
Arbeitsunterforderung									
Arbeitsplatzsicherheit									
Ungenaue Arbeitsvorgaben									
Keine positive Rückmeldung/Anerkennung									
Ungerechtfertigte Kritik									
Zu viel/zu wenig Verantwortung									
Dienstreisen									
Konflikte mit Vorgesetzten									
Konflikte mit Kollegen									
Mangelnde berufliche Perspektive									
Misserfolge									
Finanzielle Sorgen									
Konflikte in Beziehung/Familie									
Trennung/Scheidung									
Sorge um Kinder/Eltern									
Bewegungsmangel									
Zu wenig Schlaf									
Freizeitstress									
Doppelbelastung durch Haushalt/Beruf									
Gefühl der Einsamkeit									
Gefühl des Älterwerdens									
Schwere Krankheit									

Meine individuellen Stressoren							
...							
...							
...							
...							
...							
...							
Gesamtergebnis							

So berechnen Sie zunächst die Einzelwerte

1. Multiplizieren Sie in jeder Zeile den Wert, den Sie unter *Häufigkeit* eingetragen haben mit dem Wert, den Sie unter *Bewertung* eingetragen haben.
2. Das Produkt stellt Ihren *Belastungswert* durch den jeweiligen Stressor dar.

Wie Sie die Einzelwerte deuten und was Sie tun können

- Schauen Sie sich für jeden einzelnen Stressor diesen spezifischen Wert an: Je höher er liegt, desto eher sollten Sie versuchen, an diesem stressauslösenden Faktor zu arbeiten.
- Überlegen Sie bei Stressereignissen, die Sie als *häufig* (2) oder *sehr häufig* (3) bewertet haben, ob und wie Sie gezielt an diesen Stressoren ansetzen können, um deren Häufigkeit und Intensität zu reduzieren.
- Bei Stressereignissen, die Sie als *störend* (2) oder *sehr störend* (3) empfinden, sollten Sie künftig insbesondere auf Ihre Gedanken in diesen Situationen achten: Gibt es möglicherweise bestimmte Gedanken, die die Lage sogar noch verschlimmern?

So berechnen Sie das Gesamtergebnis und werten es aus

1. Berechnen Sie zunächst die Summe aller Belastungswerte.
2. Teilen Sie diese Summe durch die Anzahl der Stressoren.

Dieser Gesamtwert gibt Ihnen eine grobe Richtlinie, wie es um Ihre Stressbelastung steht. Eine Beschreibung der jeweiligen Bedeutung können Sie in der folgenden Tabelle nachlesen:

bis 1,5	Mit diesem Ergebnis liegen Sie im grünen Bereich. Sie fühlen sich dem Stress in Ihrem Leben meistens gut gewachsen und meistern die Herausforderungen. Ein Trainingsprogramm zur Stressbewältigung mithilfe dieses Buches wird für Sie in erster Linie vorbeugende Wirkung haben für Zeiten, in denen Sie vor unerwartete oder ganz neue Herausforderungen gestellt werden.
bis 2,9	In Ihrem Leben rollt vermutlich die eine oder andere Stresswelle heran, aber in den meisten Fällen können Sie damit recht souverän umgehen. Schauen Sie sich die Stressoren genauer an, die Sie als häufig/sehr oft oder störend/stark störend beurteilt haben. Arbeiten Sie gezielt an der Reduzierung dieser Stressoren. Überprüfen Sie Ihre vorhandenen Kompetenzen zur Stressbewältigung: Können Sie sie auf andere, belastende Situationen übertragen? Wie können Sie sie gezielt weiter ausbauen?
bis 4,5	Sie befinden sich bereits auf einem sehr belastenden Stresslevel. Ihr Erregungsniveau ist vermutlich dauerhaft erhöht und Ihre Leistungsfähigkeit bereits gesunken. Sie sollten dringend etwas für sich tun, um den typischen Stressteufelskreis so schnell wie möglich zu unterbrechen. Starten Sie eine umfassende Analyse und arbeiten Sie gezielt am Ausbau Ihrer Belastbarkeit; tun Sie etwas für Ihre Balance und erlernen Sie so bald wie möglich eine Entspannungstechnik.
ab 4,6	Ihre Stressampel steht absolut auf Rot. Sie erleben viel zu häufig und zu intensiv Stress. Sie haben vermutlich so gut wie keine wirklichen Erholungszeiten mehr und leiden möglicherweise bereits unter Beschwerden wie Schlafproblemen, Magenschmerzen oder erhöhter Infektanfälligkeit. Sie sollten sofort mit einem umfassenden Stressbewältigungsprogramm beginnen und sich einen Erste-Hilfe-Plan zusammenstellen. Vielleicht sollten Sie ergänzend zur Arbeit mit diesem Buch an einem Stressbewältigungstraining teilnehmen, eventuell könnte Ihnen auch die Unterstützung durch einen Coach helfen. Bei Stressempfindungen in diesem Ausmaß ist es oft schwierig, ganz ohne Hilfe die notwendigen grundlegenden Veränderungen anzugehen.

Wiederholen Sie den Test nach mehreren Monaten

Dieser Test und Ihr persönliches Ergebnis sollen Sie in erster Linie zum Nachdenken anregen. Wenn Sie den Test im Abstand von mehreren Monaten wiederholt durchführen, können Sie Ihre persönliche Einschätzung zu verschiedenen Zeitpunkten vergleichen.

Das Ergebnis des Tests zeigt Ihnen aber auch, dass die Stressdosis nicht nur durch die Häufigkeit, die Vielfalt und die Dauer der Stressfaktoren bestimmt wird. Sie hängt insbesondere auch von der Stressintensität ab und von der Frage, wie Sie eine Situation beurteilen: Nehmen Sie eine bestimmte Situation als zu bewältigen, als bedrohlich oder gar als Ihre Kräfte übersteigend wahr?

Erkennen Sie die Stressoren, die Sie besonders stark belasten

Sie haben nun festgestellt, welche Faktoren in Ihrem Leben dafür verantwortlich sind, wenn Sie sich generell gestresst fühlen. Diese Faktoren haben aber sicherlich nicht alle eine gleich starke Bedeutung für Sie. Für den späteren Umgang mit Ihren Stressoren ist es nützlich herauszufinden, welche davon Sie besonders stark belasten. Dabei wird Ihnen der folgende Test helfen.

Test 6: Erkennen Sie Ihre Belastungshierarchie

- Nehmen Sie die Auflistung Ihrer Stressoren zur Hand und gehen Sie die einzelnen Belastungen durch.
- Gewichten Sie die Belastungen, die Sie als störend oder stark störend bewertet haben, mit einem Punktewert.
- Insgesamt haben Sie 100 Punkte zur Verfügung, die Sie auf Ihre Belastungen verteilen können.
- Im Extremfall ist es zeitweise auch möglich, dass alle 100 Punkte auf eine bestimmte Belastung entfallen.

Mit dieser Methode erhalten Sie eine Rangfolge Ihrer Stressoren.

3. Schritt: Was sind Ihre Stressreaktionen?

Stressreaktionen, also die Symptome und Anzeichen von Stress, entstehen dann, wenn nach Ihrer eigenen Einschätzung Ihre Bewältigungsmöglichkeiten nicht ausreichen, um mit dem Stressor fertig zu werden. Ein Stressor kann unterschiedlich stark wirken und auf verschiedenen Ebenen Reaktionen hervorrufen. Diese sind sehr vielfältig und reichen von Schlafstörungen bis zum Herzinfarkt.

Test 7: Typischen Ablauf einer Stressreaktion nachvollziehen

Versetzen Sie sich in folgende Situation: Sie bekommen unerwartet einen Anruf von Ihrem Chef, der Sie dringend in seinem Büro unter vier Augen sprechen will – was bisher noch nie vorgekommen ist.

- Welche Gedanken gehen Ihnen durch den Kopf?
- Was fühlen Sie in diesem Moment?
- Welche körperlichen Empfindungen haben Sie?
- Wie verhalten Sie sich nun?

Sämtliche Stressreaktionen gehen zurück auf die in uns programmierten Grundmuster „Angriff" oder „Flucht" und zielen auf eine Aktivierung des gesamten Organismus ab: Ihre Wahrnehmung engt sich ein, es entstehen die unterschiedlichsten Gefühle, die gesamte Palette an vegetativen und hormonellen Reaktionen wird ausgelöst und auch auf muskulärer Ebene bildet sich ein Spannungszustand.

Die folgenden Symptome können auf den verschiedenen Ebenen Ausdruck von Stress sein.

1. Kognitive Ebene
   Hier laufen gedankliche Vorgänge ab, die bei Ihnen in einer belastenden Situation ausgelöst werden und die von Außenstehenden nicht direkt zu beobachten sind.

2. Emotionale Ebene
   Auf dieser Ebene treten verschiedene Gefühle auf, die in einer belastenden Situation ausgelöst werden und die ebenfalls von Außenstehenden nicht zu beobachten sind.

3. Physische Ebene
   Hier laufen während der Stressoreinwirkung körperliche, primär vegetativ-hormonell gesteuerte Reaktionen ab, die Sie selbst nicht kontrollieren können.

4. Verhaltensebene
   Auf dieser Ebene wird durch das, was Sie tun oder äußern, Ihre Reaktion auf das Stressereignis sichtbar und damit für andere beobachtbar.

Einige typische Stressreaktionen

1. Kognitive Ebene

- Blackout (Leere im Kopf)
- Gedächtnisstörungen
- Kreisende, grüblerische Gedanken („Gedankenkarussell")
- Konzentrationsmangel
- Denkblockaden
- Misserfolgserwartungen („Das wird doch sowieso nichts")
- Selbstzweifel („Das schaffe ich nie")
- Katastrophenerwartungen („Jetzt ist alles aus")
- Irrationale Überzeugungen
- Entscheidungsschwierigkeiten

2. Emotionale Ebene

- Angstgefühle, Panik
- Ungeduld, Nervosität
- Reizbarkeit, Aggression
- Unsicherheit, Hilflosigkeit
- Ärger, Wut
- Launenhaftigkeit
- Traurigkeit, Sorgen
- Gefühl der Überforderung

3. Physische Ebene

- Verdauungsstörungen, Übelkeit, flaues Gefühl im Magen, Sodbrennen
- Weiche Knie, Schwitzen
- Trockener Mund, Kloß im Hals
- Herzklopfen und Herzrhythmusstörungen
- Schwindel- und Schwächeanfälle
- Rückenschmerzen
- Muskelverspannungen, (Augen-)Zucken, Zittern, Zappeligkeit
- Zähneknirschen, Nägelkauen
- Müdigkeit oder Schlafschwierigkeiten
- Infektanfälligkeit
- Verlust des sexuellen Verlangens

4. Verhaltensebene

- Hastiges oder ungeduldiges Verhalten, z. B. Essen schnell hinunterschlingen, Pausen abkürzen, schnell und hektisch sprechen, andere unterbrechen, mangelnde Konzentration, unruhiges Hin- und Herlaufen, Fingernägel kauen ...
- Unkoordiniertes Arbeitsverhalten, z. B. mehrere Dinge gleichzeitig tun, mangelnde Planung, Übersicht und Ordnung, Verlegen oder Vergessen von Dingen ...
- Konfliktreicher Umgang mit anderen Menschen, z. B. aggressives, gereiztes Verhalten gegenüber Freunden, Familie oder Kollegen, häufige Meinungsverschiedenheiten um Kleinigkeiten, schnelles „aus-der-Haut-fahren" ...
- Fehlender Sinn für Humor
- Sinkende Produktivität
- Betäubungsverhalten, z. B. Rauchen, Alkoholkonsum

Typische Stressreaktionen auf den vier Ebenen

Beispiel: Betäubungsverhalten

Eine besondere Kategorie unter den Stressreaktionen auf der Verhaltensebene stellt das sogenannte „Betäubungsverhalten" dar. Darunter versteht man eine Stressreaktion, die gleichzeitig bereits eine besondere Art von Stressbewältigung darstellt, nämlich Verhaltensweisen wie Rauchen, Alkoholkonsum, die Einnahme von Medikamenten oder Drogen und ungesundes Essverhalten. Im Gegensatz zu den anderen Stressreaktionen stellen diese eine Art (ineffektiven) Bewältigungsverhaltens dar, das direkt gesundheitsschädlich wirkt.

Anhaltende Stresssymptome sind immer Warnsignale. Ihr Körper sendet Ihnen Hinweise auf Störungen des Energiegleichgewichts. Gehen Sie diesen unbedingt auf den Grund. Viele dieser Symptome und Verhaltensweisen können auch andere Ursachen als Stress haben. Hält eines Ihrer Symptome an, sollten Sie unbedingt mit einem Arzt darüber sprechen.

Test 8: Ablauf meiner Stressreaktionen auf vier Ebenen

Welche der auf der vorhergehenden Seite genannten Stressreaktionen konnten Sie in den letzten vier Wochen an sich feststellen?

Versuchen Sie sich an konkrete Situationen zu erinnern, in denen Sie sich gestresst fühlten.

Welche Auswirkungen haben Sie auf den verschiedenen Ebenen an sich beobachtet?

Halten Sie diese nach dem folgenden Schema fest:

Meine Stressreaktionen	
Stressauslösende Situation	
Kognitive Ebene (Gedanken)	
Emotionale Ebene (Gefühle)	
Physische Ebene (Körper)	
Verhaltensebene	

Stressreaktionen laufen nicht bei allen Menschen in gleicher Weise ab. Eine Person reagiert besonders mit Veränderungen des Herz-Kreislauf-Systems, eine zweite mit Muskelverspannungen und eine dritte mit einer Verlangsamung oder Überfunktion des Verdauungsapparates. Die Ursachen dafür liegen in einem Zusammenwirken biologisch-konstitutioneller Faktoren, Aspekten der Persönlichkeit und individueller Lebenserfahrungen. Außerdem variieren Stressreaktionen sehr stark in Abhängigkeit von der jeweiligen Belastungssituation.

Anhand Ihres Stressprotokolls können Sie verschiedene Situationen, die bei Ihnen Stress ausgelöst haben, genauer unter die Lupe nehmen und analysieren, auf welchen Ebenen Sie reagieren. Entwickeln Sie ein Gespür für Ihre individuellen Symptome:

Verlieren Sie Ihren Appetit, wenn Ihr Chef mit einer unlösbar scheinenden Aufgabe um die Ecke kommt oder brauchen Sie sofort eine Zigarette? Wie sind Ihre körperlichen Reaktionen auf Stress: Bekommen Sie bei Stress eher Kopfschmerzen oder verspannt sich Ihr Nacken? Ist es der Rücken, der schmerzt oder bilden sich an Ihrem Mund Herpespusteln? Können Sie nicht mehr einschlafen oder wachen Sie mitten in der Nacht auf, um dann über Probleme nachzudenken?

4. Schritt: Ihre persönliche Stressbilanz

Die Durchführung der verschiedenen Tests und Ihre individuellen Ergebnisse helfen Ihnen, Ihr persönlich empfundenes Stresslevel einzuschätzen. Diese Analysen sind sinnvoll, um Ihren Stress besser verstehen zu können. Wenn Sie die Tests von Zeit zu Zeit wiederholen, können Sie damit feststellen, wie gut die verschiedenen Methoden und Techniken, die Sie zur Stressbewältigung anwenden, funktionieren.

Zunächst können Sie aber nun aus den verschiedenen Tests die Bilanz ziehen: Schauen Sie sich die acht Einzeltests noch einmal an und tragen Sie unten Ihre persönlichen Schlussfolgerungen ein. In den folgenden Kapiteln werden wir Ihnen zeigen, was Sie aktiv unternehmen können, um die konkrete Situation zu verbessern.

Meine persönliche Stressbilanz

	✓
Test 1: Ich habe herausgefunden, was Stress für mich bedeutet.	
Test 2: Ich habe meine größten Stressereignisse aufgelistet.	
Test 3: Ich habe ein persönliches Stressprotokoll geführt.	
Test 4: Ich habe meine Stresserlebnisse bewertet.	
Test 5: Ich habe meine Stressintensität berechnet.	
Test 6: Ich habe meine Belastungshierarchie erstellt.	
Test 7: Ich habe den typischen Ablauf einer Stressreaktion nachvollzogen.	
Test 8: Ich habe festgestellt, wie meine Stressreaktionen verlaufen.	

Meine größten Stressereignisse sind (Ergebnisse von Test 2):

1. _____

2. _____

3. _____

Mein persönliches Stressprotokoll (Ergebnisse von Test 3):

Tag/Uhrzeit	Stressauslösende Situation/Tätigkeit	Subjektive Wahrnehmung	Meine Reaktion auf die Stress-situation

Meine Stressintensität liegt im Gesamtwert bei (Ergebnis von Test 5):

Häufigkeit	x	Bewertung	=	Belastung

44

Meine Belastungshierarchie (Ergebnisse von Test 6):		
Meine Belastungen	Punktwerte (insgesamt 100)	Rangfolge

Meine Stressreaktionen auf den vier Ebenen (Ergebnisse von Test 8):			
	Stressereignis	Stressreaktionen/ Symptome	Auswirkungen
Physische Ebene			
Verhaltens- ebene			
Kognitive Ebene			
Emotionale Ebene			

1 Vom richtigen Umgang mit Stress

1.1 Was ist Stressmanagement?

Wie lässt sich Stress managen? Auch wenn der Buchtitel es erhoffen lässt – Stress lässt sich nicht einfach „weg" managen. Stressmanagement im Sinne einer zielgerichteten und effektiven Stressprävention und Stressbewältigung umfasst ein Zusammenspiel verschiedener Fähigkeiten.

Unter Stressmanagement fassen wir alle Strategien und Maßnahmen zusammen, die Sie ergreifen können, um Belastungssituationen zu vermindern oder idealerweise sogar vollständig zu vermeiden. Gleichzeitig können diese Maßnahmen auch Ihre persönlichen stressverstärkenden Gedanken in positive Bahnen lenken und Sie unterstützen, Ihre individuellen physiologischen und psychologischen Stressreaktionen zu regulieren.

Übung: Ihre bisherigen Strategien auf dem Prüfstand
Überlegen Sie sich, wie Sie bisher versucht haben, mit Stress fertig zu werden. Welche Strategien haben sich als wirksam erwiesen? Welche haben sich als unwirksam erwiesen?

Es gibt kein Patentrezept zur Stressbewältigung. So individuell und subjektiv wie das Stressgeschehen ist, so maßgeschneidert müssen auch die Maßnahmen zur Stressbewältigung sein. Da sich das Stressgeschehen auf verschiedenen Ebenen abspielt, können die Gegenmaßnahmen auch auf diesen unterschiedlichen Ebenen ansetzen.

Kienbaum Expertentipp: Geringe Stressbelastung
Stressbewältigung bedeutet keinesfalls, gar keinen Stress und keine Belastung mehr zu erleben. Sehr viele Faktoren können Sie nicht beeinflussen, geschweige denn abschalten. Ihr persönliches Ziel sollte sein, unter den gegebenen Rahmenbedingungen eine möglichst geringe Stress-

belastung zu erleben und nach Stresssituationen möglichst schnell in den Zustand der Entspannung zurückzukehren.

Früher unterschied man zwischen positivem, gesunderhaltendem „Eustress" und negativem „Distress". Der Ansatz zur Stressbewältigung bestand daher im Wesentlichen in der Forderung, „negativen" Stress zu vermeiden.

Die moderne Stressforschung kennt jedoch verschiedene grundsätzliche Konzepte für erfolgreiches Bewältigungsverhalten, die über die reine Vermeidung von Stress hinaus alle Bemühungen zur Auseinandersetzungen mit den Ursachen und Folgen des Stresserlebens umfassen. Im Fachjargon wird Stressbewältigung als „Coping" bezeichnet. Wirksames Stressmanagement ist ein „Gesamtpaket", gebildet aus der persönlichen Belastbarkeit und dem erfolgreichen Bewältigungsverhalten, also aus dem Einsatz von flexiblen und situationsangemessenen Strategien zur Stressbewältigung.

1.2 Voraussetzungen für erfolgreiches Stressmanagement

Was sind die Voraussetzungen für eine erfolgreiche Stressbewältigung? Welches sind Ihre persönlichen Ressourcen, auf die Sie im Rahmen der Stressbewältigung zurückgreifen können?

Kienbaum Kompetenztest: Ist Ihr Bewältigungsstil aktiv oder passiv?

Stellen Sie sich zunächst folgende Fragen:

- Wenn Sie eine belastende Situation erleben: Leiden Sie nur darunter oder beginnen Sie, die Hintergründe zu analysieren und versuchen Sie, sie zu verstehen und erträglicher zu gestalten?

- Haben Sie tendenziell eher das Gefühl, anderen Menschen und belastenden Situationen hilflos ausgeliefert zu sein oder sind Sie sich sicher, bestimmte Stärken und Handlungsmöglichkeiten zu haben, um schwierige Situationen in den Griff zu bekommen?

- Gelingt es Ihnen, einer belastenden Situation auch positive Aspekte abzugewinnen? Sind negative Ereignisse in Ihrem Leben ein reiner Störfaktor oder betrachten Sie sie als Herausforderung?

Stressmanagement

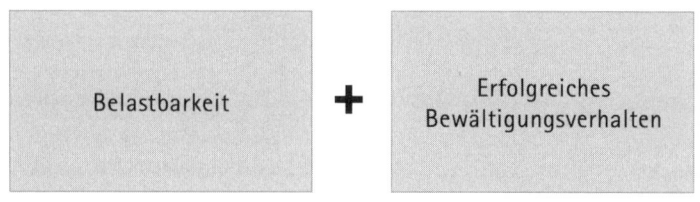

Die beiden Standbeine des Stressmanagements

Stressbewältigung beginnt im Kopf

Die moderne Stressforschung hat drei grundsätzliche Voraussetzungen für erfolgreiches Bewältigungsverhalten ermittelt. Sie sind im Konzept des sogenannten Kohärenzerlebens nach Antonovsky formuliert: das Gefühl der *Verstehbarkeit*, das Gefühl der *Machbarkeit* und das Gefühl der *Sinnhaftigkeit*. Diese drei Überzeugungen bilden den notwendigen Nährboden für den Erfolg aller Maßnahmen zur Stressbewältigung.

- Gefühl der *Verstehbarkeit*: Sehe ich nur meine Belastung oder versuche ich zu verstehen, woher sie kommt und aus welchen Aspekten sie besteht? Kann (und will!) ich mir die Welt auch in schwierigen Situationen erklären?
- Gefühl der *Machbarkeit*: Habe ich das Gefühl, dass ich Möglichkeiten zur Bewältigung von schwierigen Situationen habe? Bin ich in der Lage und willens, mich selbst zu verändern? Glaube ich, dass ich dadurch auch meine Umwelt beeinflussen kann?
- Gefühl der *Sinnhaftigkeit*: Fühle ich mich als hilfloses Opfer oder kann ich akzeptieren, dass das Leben positive und negative Seiten hat? Gelingt es mir, auch den Problemen und Anforderungen in meinem Leben zumindest einige positive Aspekte abzugewinnen und nicht ausschließlich Belastungen darin zu sehen? Kann ich in der Auseinandersetzung mit den Belastungen meines Lebens auch einen Sinn erkennen?

Beispiel: Sehen Sie sich nicht als Opfer!

Ihr Unternehmen verlagert seinen Firmensitz aus der Innenstadt an einen kleinen Ort 50 km außerhalb der Stadt. Statt wie bisher mit dem Fahrrad oder der U-Bahn in 20 Minuten im Büro zu sein, werden Sie künftig mindestens 2 Stunden pro Tag für Ihren Arbeitsweg aufwenden müssen.

Passive Menschen fühlen sich hierdurch stark belastet und hören gar nicht mehr auf, zu jammern und sich über diese negative Entwicklung zu beschweren; sie beginnen, daran zu verzweifeln. Aktive Menschen versuchen, sich genau zu erklären, welche Aspekte diesen Umzug notwendig oder sinnvoll machen, und versuchen dabei auch, die Vorteile herauszuarbeiten (z. B. dass Arbeitsplätze erhalten werden). Schön und gut – dieses „Verständnis" reicht jedoch noch nicht, um den Stress zu bewältigen. Die eigentliche Bewältigungsleistung besteht darin, sich die Notwendigkeit bewusst zu machen, das eigene Leben aufgrund dieses Firmenumzugs umzuorganisieren.

Hier kommt die Situationsangemessenheit der Stressbewältigung ins Spiel. Es gibt keine allgemeingültig „richtige" Lösung – die beste Strategie zur Bewältigung Ihres Problems müssen Sie selbst finden. Möglicherweise sollten Sie sich ein Auto kaufen oder sich wieder einen Job in der Innenstadt suchen oder Ihr Ehrenamt im Verein aufgeben. Aber als aktive Person sind Sie sich darüber bewusst, dass Sie an bestimmten Schrauben drehen können, um die Situation in den Griff zu bekommen. Welchen Sinn Sie wiederum in dieser Veränderung sehen, ist auch sehr individuell. Vielleicht wollten Sie schon länger beruflich umsatteln und haben nur einen solchen „Ruck" gebraucht? Vielleicht haben Sie auch schon lange den Wunsch gehabt, Golf zu spielen und das neue Werksgelände liegt in unmittelbarer Nähe eines Golfclubs, sodass Sie dies künftig bequem direkt nach Feierabend tun können.

Die möglichen Sichtweisen auf eine solche von außen aufgezwungene Veränderung sind vielfältig. Sie kann Ihnen unzählige neue Türen öffnen – aber nur, wenn Sie aktiv sind. Wenn Sie passiv sind, sehen Sie sich als Opfer der Umstände und können keinen Sinn in der von außen verursachten neuen Situation finden.

Kienbaum Expertentipp: Grundüberzeugungen zur Stressbewältigung

Die folgenden Grundüberzeugungen liegen allen erfolgreichen Bemühungen zur Stressbewältigung zugrunde:

- Verstehbarkeit: Ich verstehe, warum ich Stress empfinde!
- Machbarkeit: Ich kann daran etwas ändern!
- Sinnhaftigkeit: Ich will daran etwas ändern!

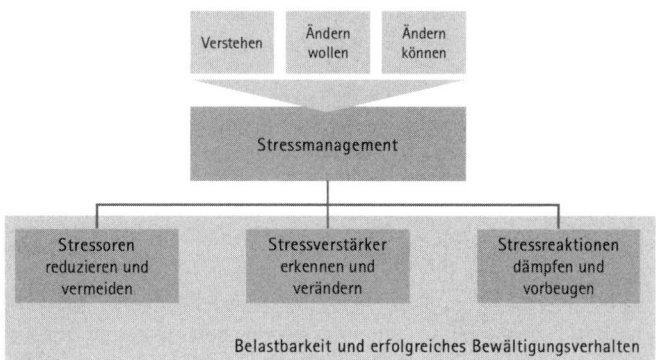

Gesamtkonzept zur Stressbewältigung

Auf der Grundlage dieser übergreifenden und ganz grundsätzlichen Voraussetzungen können Sie ein breites Repertoire an Maßnahmen zur Stressbewältigung entwickeln und einsetzen. Bestimmte Kompetenzen haben sich hierbei als besonders erfolgreich herausgestellt – sie werden in den folgenden Kapiteln vorgestellt. Diese Fähigkeiten können Sie bewusst schulen und weiterentwickeln.

Einige Copingstrategien sind auf die Stärkung der eigenen Belastbarkeit durch besseren emotionalen und kognitiven Umgang mit herausfordernden Situationen gerichtet. Andere Strategien zielen auf eine erfolgreiche Bewältigung der jeweiligen Stresssituation ab, indem die Stressoren vermieden oder reduziert werden und der eigene kognitive und emotionale Umgang mit den Belastungen verbessert wird.

Stärkung der Belastbarkeit

Eine hohe Widerstandsfähigkeit bzw. Unempfindlichkeit, auch „Stressresistenz" genannt, führt zu einer geringeren Stressanfälligkeit. In der Psychologie spricht man hier auch von „Hardiness". Menschen mit einer stark ausgeprägten Widerstandsfähigkeit betrachten Veränderungen und Schwierigkeiten nicht als Bedrohung, sondern als Herausforderung. Das verwandte psychologische Konzept der „Resilienz" beschreibt die damit verbundene Fähigkeit, sich trotz andauernder Belastungen, Traumata oder fortwährendem Stress immer wieder anzupassen und zu erholen, anstatt an Überlastung zu zerbrechen.

Erfolgreiches Bewältigungsverhalten

Dies umfasst die konstruktive Auseinandersetzung mit belastenden Rahmenbedingungen oder schwierigen Lebensereignissen und alle Maßnahmen zu deren Bewältigung. Was aber macht das Bewältigungsverhalten erfolgreich?

- Eine der Grundvoraussetzungen für das Ergreifen von Bewältigungsmaßnahmen ist die sogenannte Selbstwirksamkeitserwartung (mehr dazu lesen Sie auch in Kapitel 3.1). Darunter versteht man die Überzeugung, nicht das Opfer ungünstiger Bedingungen zu sein, und den festen Glauben daran, selbst etwas bewirken zu können. Menschen mit einer stark ausgeprägten Selbstwirksamkeit sehen auftretende Veränderungen als ihre eigene Aufgabe an und werden daher aktiv. Sie wissen, dass sie selbst die Kontrolle über die Situation haben – anstatt sich ihr ausgeliefert zu fühlen und darauf zu warten, dass sich das Umfeld ändert.
- Außerdem muss die jeweilige Bewältigungsstrategie situationsangemessen eingesetzt werden.
- Auch die Flexibilität in der Wahl der Bewältigungsstrategien ist notwendig: Günstig ist eine ausgewogene Balance zwischen Bewältigungsformen, die eher problemorientiert sind (also an den Stressoren ansetzen) und solchen, die reaktionsorientiert (sich selbst verändernd) sind.

Es gibt durchaus auch Copingstrategien, die nicht besonders konstruktiv sind. Bei ihnen steht eher der Ablenkungscharakter im Vordergrund – dies sind die sogenannten „dysfunktionalen" Strategien. Streng genommen kann man aber hier nicht von „Bewältigung" sprechen – zumindest nicht von langfristig erfolgreicher und „gesunder" Bewältigung: Es findet eher eine Verschiebung oder Verlagerung des Problems statt.

Beispiele für ineffektives Bewältigungsverhalten

Als generell ineffektiv haben sich in verschiedenen Studien die folgenden Strategien zur Stressbewältigung erwiesen:

- Fluchtstrategien (Wunschphantasien, verbunden mit Konsum von Suchtmitteln wie Alkohol, Drogen, Medikamenten oder sonstigen psychoaktiven Substanzen)
- Verschiebung, z. B. „Ärger herauslassen", „Ärger in sich hineinfressen"
- Selbstabwertung, Selbstbeschuldigung und Selbstmitleid
- Passivität und Resignation (grübeln, sich nicht vom Problem lösen können, gelernte Hilflosigkeit)

Stressbewältigungskompetenz ist keine Charaktereigenschaft, sie ist erlernbar. Dafür müssen Sie nicht Ihre Persönlichkeit ändern: Sie können durch das Erlernen von Strategien Ihr Verhalten und Denken sowie Ihre Reaktionen positiv beeinflussen.

1.3 Strategien zur effektiven Stressbewältigung

Strategien zur Stressbewältigung können auf drei Ebenen des individuellen Stressmanagements ansetzen:

- Ebene der *Stressoren*
  Hier können Sie Einfluss auf die Situation nehmen, die Stressoren reduzieren oder vermeiden.
- Ebene der *Stressverstärker*
  Sie können gezielt an Ihrer Wahrnehmung und Bewertung der Situation und Ihrer Einstellung zu bestimmten Dingen arbeiten, um Stressverstärker zu mildern oder auszuschalten.
- Ebene der *Stressreaktionen*
  Sie haben die Möglichkeit, wirksame Erholungskompetenzen zu entwickeln, um gezielt Stresssymptome zu lindern und Ihren Organismus stressresistenter zu machen. Dies kann Ihre persönlichen Stressreaktionen dämpfen und Sie für zukünftig Stresssituationen stärken.

Halten Sie Ihre Stressoren in Schach

Mithilfe bestimmter Maßnahmen der (Selbst-)Organisation können Sie eine Stresssituation soweit verändern, dass die äußeren Belastungsfaktoren verringert werden und Sie eine insgesamt niedrigere Stressbelastung erleben. Mit dieser Strategie zielen Sie darauf ab, Stressoren zu reduzieren oder sogar vollständig auszuschalten, z. B. durch die Veränderung von Arbeitsabläufen.

Diese Form der Stressbewältigung können Sie reaktiv bei konkreten, aktuellen Belastungssituationen einsetzen oder auch präventiv auf die Verringerung oder Ausschaltung zukünftiger Belastungen ausrichten. Instrumente und Techniken zur stressfreien Gestaltung Ihres Arbeitsumfeldes finden Sie in Kapitel 2. Sie gehören meistenteils zum Zeit- und Selbstmanagement und umfassen Maßnahmen wie:

- Ablaufplanung
- Aufgabenverteilung/Delegation
- Arbeitsplatzgestaltung
- Ablagesystematisierung
- Priorisierung
- Zeitplanung

Lernen Sie das stressfreie Denken

Alle Maßnahmen und Techniken im Bereich der sogenannten kognitiven Stressbewältigung sind darauf gerichtet, stressverstärkende Einstellungen und Gedanken als solche zu erkennen und zu relativieren: Durch eine veränderte Bewertung oder Interpretation einer belastenden Situation können die negativen Auswirkungen der Stressreaktion abgeschwächt werden. Dazu arbeiten Sie gezielt an der Änderung Ihrer persönlichen Gedankenmuster, Motive, Einstellungen, Bewertungen und Wahrnehmungen, also an den inneren Vorgängen.

Diese Änderungen stellen eine Art Stellschraube im Gesamtkontext Ihres Stressmanagements dar. Dabei geht es sowohl um die Bewertung des Istzustands als auch um Ihre eigenen Regulationsmöglichkeiten und Ihre persönlichen „Sollwerte". Das können Normen, Werte, Ziele und generalisierte Einstellungen wie z. B. perfektionistische Leistungsansprüche, übersteigerte Kontrollambitionen oder stark empfundene Hilflosigkeit sein. In Kapitel 3 lesen Sie, wie Sie Ihre Denkmuster überprüfen und verändern können, um dadurch künftig selbst zu beeinflussen, wie stark Ihre Reaktionen auf bestimmte Stressoren ausfallen. Zu den Techniken gehört beispielsweise, dass Sie lernen,

- Ihre eigenen Leistungsgrenzen zu akzeptieren,
- den Blick für das Wesentliche zu schulen,
- weniger feste Vorstellungen/Erwartungen an andere zu richten,
- die Realität zu akzeptieren.

Erholen Sie sich und beugen Sie vor

Alle Maßnahmen zur Erholung bezwecken die Vorbeugung und Linderung der physiologischen und psychischen Stressreaktionen. Sie stärken Ihren Körper und Ihre Seele, sodass Sie mit den Stressreaktionen besser umgehen können, Ihre Belastbarkeit erhöhen und die Anspannung verringern. Stressbedingte Emotionen wie Frustration, Ärger, Neid, Angst, Schuld und Kränkung sowie der damit einhergehende physiologische Spannungszustand können durch Maßnahmen auf körperlicher Ebene positiv beeinflusst und in ihrer Intensität verringert werden.

Ziel ist es, die Alarmreaktion des Körpers zu dämpfen, die Erregung zu mindern und einen schnellen Erholungseffekt nach körperlicher und seelischer Belastung zu erreichen. Wir unterscheiden zwischen längerfristigen Bemühungen zur Vorbeugung und Regeneration, und kurzfristigen Maßnahmen zur Dämpfung einer akuten Stressreaktion. In Kapitel 5 finden Sie gezielte Maßnahmen, mit denen Sie in den folgenden Bereichen sowohl längerfristig vorbeugen als auch akute Stressreaktionen dämpfen können:

- Wie Sie sich besser entspannen
- Wie Sie gut schlafen
- Wie Sie durch Bewegung Stress abbauen
- Wie Sie mithilfe guter Ernährung dem Stress vorbeugen
- Was Sie im akuten Stressnotfall tun können

Kienbaum Expertentipp: Stressbewältigung auf drei Ebenen

Ihre Maßnahmen auf den drei Ebenen der Stressbewältigung ergänzen und befördern sich gegenseitig. Wenn Sie beispielsweise durch regelmäßiges Bewegungstraining oder Entspannungsarbeit belastbarer geworden sind, werden Sie bestimmte Stressreize als weniger bedrohlich wahrnehmen, d. h. auch der Stressverstärker lässt nach und Ihre Stressreaktion fällt entsprechend schwächer aus. Erfolgreiche Stressbewältigung funktioniert am besten im Zusammenspiel aller drei Ebenen.

Zur optimalen Stressbewältigung sollten Sie sich ein umfangreiches und flexibles Repertoire an Bewältigungsstrategien aneignen. Füllen Sie Ihren persönlichen Methodenkoffer mit den für Sie passenden Techniken und nehmen Sie das entsprechende Werkzeug zur Hand, sobald Sie es brauchen.

Welche Bewältigungsstrategie bei Ihnen in welcher Belastungssituation hilfreich ist, können nur Sie selbst feststellen. Was anderen hilft, könnte im Extremfall für Sie ein neuer Stressfaktor sein – und umgekehrt.

1.4   Ermitteln Sie Ihr Veränderungspotenzial

Um einen Überblick zu bekommen, in welchen Bereichen Sie mit Ihrem Stressbewältigungsprogramm am besten ansetzen können, sollten Sie sich zunächst verdeutlichen, wo Sie in Ihrem Leben gerade stehen und was Sie gerne verändern möchten.

Kienbaum Kompetenztest: Ihre Lebenstorte

Tortendiagramme kennen Sie vermutlich aus Ihrem beruflichen Alltag. Nehmen Sie ein Blatt Papier zur Hand und zeichnen Sie sich einmal Ihre eigene „Lebenstorte" auf.

1. Unterteilen Sie einen Kreis in verschiedene Segmente, z. B. Arbeit, Familie, Freunde, Sport, Essen, Entspannung, Schlaf, Hobbys etc.
2. Stellen Sie die Segmente unterschiedlich groß dar, je nach dem jeweiligen Raum, das diese in Ihrem Leben derzeit einnehmen.

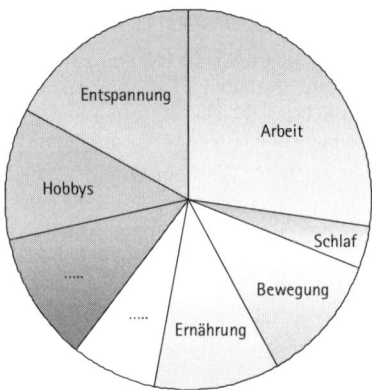

Beispielvorlage „Lebenstorte"

– Betrachten Sie die Aufteilung und stellen Sie sich die Frage, wie es um die einzelnen Bereiche bestellt ist. Sind Sie zufrieden mit der grundsätzlichen Aufteilung?
– Überlegen Sie, was in die einzelnen Bereiche alles hineinfällt. Was fällt zum Beispiel alles in Ihre Kategorie „Essen"? Das morgendliche Frühstück mit Ihrem Partner? Eine Brezel am U-Bahnhof auf dem Weg zur Arbeit? Lunchpause mit der besten Freundin? Sandwich am Schreibtisch? Wöchentlicher Koch-Treff mit der Clique? Tiefkühlpizza vor dem Fernseher? Viel zu wenig Obst und Gemüse?
– Nehmen einzelne Bereiche vielleicht zu viel Raum ein?
– Welche Bereiche sollten mehr Raum einnehmen?
– Wie hoch ist der Stellenwert, den Sie Ihrer Ernährung in Ihrem Leben einräumen?
– Wie ist es um Ihren Schlaf bestellt?
– Wie häufig bewegen Sie sich?
3. Zeichnen Sie dann eine zweite Torte, die Sie so aufteilen, wie Sie sie sich idealerweise vorstellen. Betrachten Sie dann den Unterschied zwischen der Wirklichkeit und Ihrem Wunsch.
– Wie wirkt sich der Unterschied zwischen der wirklichen Torte und Ihrer gewünschten Torte auf Sie aus?
– Ist vielleicht die Arbeit das größte Stück und dreht sich alles um sie?
– Wie viel Zeit haben Sie für Dinge, die Ihnen wirklich wichtig sind?

- Haben Sie mindestens einmal am Tag eine Stunde nur für sich, um sich zu entspannen, um sich ausschließlich um sich zu kümmern oder um einfach mal nichts zu tun?
- Wie hoch ist der Stellenwert, den Sie Ihrer Ernährung in Ihrem Leben einräumen?
- Wie ist es um Ihren Schlaf bestellt?
- Wie häufig bewegen Sie sich?

4. Anschließend betrachten Sie alle Lebensbereiche und notieren Sie, welche Maßnahmen Sie ergreifen können, um sich Ihrer Wunschtorte anzunähern. (Beispielsweise: Ich werde mir jeden Tag eine Stunde freischaufeln und eine Entspannungstechnik erlernen. Oder: Ich werde mir einen neuen Job suchen und gleich nächste Woche meine Bewerbungsunterlagen aktualisieren etc.)

1.5 Tipps für Ihr persönliches Stressbewältigungsprogramm

1. Lassen Sie sich Zeit! Das Stressgeschehen und alle damit verbundenen Aspekte sind eine vielschichtige Angelegenheit: Sie müssen Verhaltensweisen und Denkmuster verändern, möglicherweise auch Ihre Arbeitsweise und Ihren Lebensstil. Dies wird seine Zeit brauchen – versuchen Sie nicht, zu viel auf einmal zu verändern.

2. Blättern Sie dieses Buch einmal durch und lesen Sie quer! Entscheiden Sie dann auf der Grundlage Ihrer persönlichen Ergebnisse aus der Stressinventur, welche Methoden und Techniken Sie üben möchten. Stellen Sie einen Plan auf, was Sie wann ausprobieren möchten (sonst werden Sie es vermutlich nicht tun).

3. Geben Sie den hier vorgestellten Strategien und Methoden eine Chance! Vielleicht haben Sie sich noch nie mit Atemübungen beschäftigt und sehen auf den ersten Blick keinen direkten Zusammenhang zwischen dem Erlernen von Atemtechniken und der Stressbewältigung. Versuchen Sie, offen zu sein und zumindest alles auszuprobieren, um herauszufinden, ob es für Sie hilfreich ist.

4. Akzeptieren Sie, dass vielleicht bei Ihnen nicht funktioniert, was bei anderen hilft! Möglicherweise ist Yoga eben nicht die passende Methode für Sie. Wenn Ihnen eine Strategie oder Methode

nicht zusagt, probieren Sie etwas anderes aus – denn Sie werden die ungeliebte Strategie ohnehin im Alltag nicht anwenden.

5. Führen Sie ein Antistresstagebuch! Hier können Sie Ihre Ergebnisse aus den Trainingseinheiten eintragen und die Schlussfolgerungen, die Sie daraus ziehen. Notieren Sie, was Ihnen bei der Lektüre dieses Buches durch den Kopf geht. Halten Sie fest, welche Methoden und Techniken bei Ihnen gut funktioniert haben. Schreiben Sie nach erfolgreich bewältigten Stresssituationen auf, wie Sie sich fühlen. Verfassen Sie Ihr eigenes Antistressbuch.

6. Suchen Sie sich einen Mitstreiter! Vielleicht können Sie jemanden aus dem Kollegen- oder Freundeskreis dafür gewinnen, mit Ihnen gemeinsam etwas gegen den Stress zu tun. Sie können sich austauschen, gegenseitig motivieren und gegenseitig den „inneren Schweinehund" bekämpfen. Falls Sie keinen Mitstreiter finden, so suchen Sie zumindest „Zeugen": Erzählen Sie jemandem von Ihrem Vorhaben.

Trainingseinheit: Stressbewältigungskompetenz

Trainingseinheit 1: Stressbewältigung
Wie ich bisher versucht habe, Stress zu bewältigen:
Diese Stressbewältigungsansätze funktionieren bei mir sehr gut und ich werde sie beibehalten:
Diese Muster von ineffektivem Bewältigungsverhalten habe ich im letzten Jahr an mir beobachtet:

Ich habe mir die wichtigsten Voraussetzungen für ein erfolgreiches Bewältigungsverhalten klar gemacht:	
	✓
Verstehbarkeit: Ich verstehe, warum ich Stress empfinde!	
Machbarkeit: Ich kann daran etwas ändern!	
Sinnhaftigkeit: Ich will daran etwas ändern!	

So werde ich zukünftig versuchen, Stress zu bewältigen:

Bei diesen Themen sehe ich für meine persönliche Stressbewältigungskompetenz den größten Handlungsbedarf (bitte Reihenfolge definieren):	
Stressoren in Schach halten: Gestaltung des Arbeitsumfeldes (s. Kapitel 2)	Rang
• Ablaufplanung	
• Aufgabenverteilung/Delegation	
• Arbeitsplatzgestaltung	
• Ablagesystematisierung	
• Priorisierung	
• Zeitplanung	
Stressfreies Denken: Stressverstärker relativieren (s. Kapitel 3)	Rang
• Meine eigenen Leistungsgrenzen akzeptieren	
• Den Blick für das Wesentliche schulen	
• Weniger feste Vorstellungen und Erwartungen an andere richten	
• Die Realität akzeptieren	
Erholung und Vorbeugung: Stressreaktionen lindern (s. Kapitel 5)	Rang
• Mich besser entspannen	
• Gut schlafen	
• Durch Bewegung Stress abbauen	
• Mich gut ernähren	
• Sofortmaßnahmen für den Stressnotfall erlernen	

Ich habe mein Veränderungspotenzial ermittelt:

So sieht mein Leben
zurzeit aus.

So sieht mein Leben in
meiner Vorstellung aus.

Diese Bereiche nehmen zu viel Raum ein:

Diesen Bereichen möchte ich in Zukunft mehr Raum geben:

Diese Schritte werde ich sofort planen und umsetzen, damit die Bereiche oben
mehr Raum in meinem Leben bekommen:

Meine Strategien zur effektiven Stressbewältigung:

Ebene der Stress-bewältigung	Stressbewältigungsstrategien
Stressoren	
Stressverstärker	
Stressreaktionen	

2 Wie Sie Ihre Arbeit stressfrei organisieren

In diesem Kapitel stellen wir Ihnen verschiedene Möglichkeiten vor, mit denen Sie die Stressbelastung in Ihrem beruflichen Umfeld verringern können. Sie finden konkrete Tipps und Hinweise dazu, wie Sie

- Ihre Situation analysieren und die Zeichen für berufsbedingten Stress erkennen,
- Prioritäten setzen,
- Sinnvoll planen,
- Ihre Zeit (also sich selbst) managen und
- Ihren Arbeitsplatz organisieren.

2.1 Erkunden Sie Ihre Stressoren

Beginnen Sie damit, die stressauslösenden Faktoren an Ihrem Arbeitsplatz zu identifizieren. Schon die Analyse Ihrer eigenen Stresssituation führt in der Regel zu einer ersten Entlastung, da Sie konkrete Ansatzpunkte erkennen, die Sie gezielt angehen können.

Tool 1: Verorten Sie den Stress

Checkliste: Woher kommt der Stress an Ihrem Arbeitsplatz?	
	✓
Ich empfinde meine Arbeitsumgebung oft als störend (Lärm, Großraumbüro).	
Ich habe lange Arbeitszeiten.	
Ich empfinde meine Fahrt zur Arbeit als anstrengend.	
Ich habe eine hohe Arbeitsbelastung (Überforderung).	
Ich habe zu wenig Arbeit (Unterforderung).	
Ich trage zu viel Verantwortung.	

Ich trage zu wenig Verantwortung.	
Ich erhalte zu wenig positive Rückmeldungen.	
Ich habe Konflikte mit meinen Kollegen.	
Ich habe Konflikte mit meinem Vorgesetzten.	
Ich bin unzufrieden mit meinen Aufgaben.	
Ich finde, ich werde zu schlecht bezahlt.	
Ich mache mir Sorgen wegen der Unsicherheit meines Arbeitsplatzes.	
Ich habe keine Zeit für die wirklich wichtigen Dinge.	
Ich verpasse häufig Abgabetermine.	
Ich komme zu spät zu Terminen.	
Ich arbeite nicht mit To-do-Listen.	
Ich delegiere zu wenig Aufgaben und Verantwortlichkeiten.	
Ich habe das Gefühl, mit vielen Aufgaben Zeit zu verschwenden.	
Ich habe keine Zeit dafür, meine Tage und Wochen zu planen.	
Ich zögere Dinge zu oft hinaus.	
Ich verbringe viel Zeit mit der Suche nach Unterlagen.	
Ich habe das Chaos auf meinen Schreibtisch nicht im Griff.	
Ich arbeite mehr und schaffe weniger als früher.	
Ich habe weniger Interesse an meinem Privatleben.	
Ich habe Schwierigkeiten, mich zu konzentrieren.	
Ich bin oft gereizt.	
Ich bin oft müde.	

Wie viel Gestaltungsspielraum haben Sie?

Sie haben sich jetzt mittels der Checkliste einen Überblick verschafft, welche Faktoren Ihnen Stress verursachen. Nun sollten Sie überlegen, wie Sie darauf reagieren können:

* Welche Faktoren können Sie ändern?
* Welche Faktoren können Sie nicht ändern?

Fragen Sie sich zunächst, ob Sie die Auswirkungen der jeweiligen Faktoren beseitigen oder zumindest stark reduzieren können. In vielen Fällen werden Ihre Möglichkeiten eingeschränkt sein. Auch wenn Sie sich sicher schon einmal gewünscht haben, Stressoren wie eine störende Arbeitsumgebung im Großraumbüro, die unzähligen Meetings und ständigen Geschäftsreisen, auszuschalten – ist dies häufig nicht möglich. Viele Rahmenbedingungen Ihrer Arbeit können Sie jedoch sehr wohl selbst gestalten. Ihre vielen Termine beispielsweise können Sie zwar nicht wegzaubern, aber mit gezieltem Zeitmanagement werden sie gar nicht erst zum Stressor. Auf diese Weise rutschen Sie auf Ihrer gefühlten Stressskala möglicherweise schon einmal ein paar Punkte nach unten.

Tool 2: Beobachten Sie Ihr Arbeitsverhalten

Nehmen Sie sich vor, sich in der nächsten Woche selbst in Ihrem Arbeitsalltag zu beobachten. Versuchen Sie festzustellen, welche Rahmenbedingungen oder Ereignisse Sie unter Stress setzen.

- Können Sie Ihrer Arbeit in Ruhe nachgehen, ohne dass Sie durch Kollegen und Telefonate gestört oder unterbrochen werden?
- Welche Faktoren verursachen bei Ihnen Stress? Sind es bestimmte Situationen wie zum Beispiel Besprechungen? Lassen sich diese reduzieren? Oder können Sie sich möglicherweise besser darauf vorbereiten?
- Sind Sie überlastet? Können Sie sich davor schützen? Fällt es Ihnen schwer, „Nein" zu sagen?
- Welchen Anteil am Stress hat Ihr Perfektionismus? Müssen Sie tatsächlich alles heute und alles selbst erledigen?
- Können Sie Ihren Arbeitsplatz angenehmer gestalten?
- Haben Sie genügend Pausen? Essen und trinken Sie regelmäßig?
- Sind Sie mit Ihrem Arbeitsweg zufrieden oder stecken Sie morgens stundenlang im Berufsverkehr und suchen anschließend ewig nach einem Parkplatz?

Tool 3: Womit verbringen Sie Ihre Arbeitszeit?

Wissen Sie, womit Sie Ihre Arbeitszeit verbringen? Sie werden überrascht sein. Finden Sie es heraus und führen Sie über einen kurzen Zeitraum ein detailliertes Zeitprotokoll. Legen Sie sich Ihr persönliches Zeitprotokoll nach der folgenden Vorlage an und führen Sie es über den Zeitraum einer Woche. Die Mühe lohnt sich. Denn wenn Sie erst einmal wissen, wo Ihre Zeit bleibt, werden Sie auch leichter erkennen, wo Ihr ganz persönliches Potenzial für entsprechende Veränderungen liegt.

Beispiel: Zeitprotokoll		
Zeitraum	Tätigkeit	Ihre Anmerkungen
7.00 – 7.30		
7.30 – 8.00	Fahrt zur Arbeit, wie üblich im Stau	Sollte mal andere Route/Uhrzeit ausprobieren oder mit den Öffentlichen fahren
8.00 – 8.30		
8.30 – 9.00		

Detailliertes Zeitprotokoll

Tool 4: Prüfen Sie jede Aufgabe, bevor Sie sich in die Arbeit stürzen

Bevor Sie mit einer Aufgabe oder Tätigkeit beginnen, analysieren Sie diese: Hinterfragen Sie Ihre Zuständigkeit, betrachten Sie die Notwendigkeit der Aufgabe und überlegen Sie, welche Qualität in der Ausführung erforderlich ist.

Die folgende Grafik zeigt Ihnen, wie Sie Schritt für Schritt vorgehen können, um jede Tätigkeit mit einer möglichst geringen Stressbelastung zu erledigen und dabei Ihre Aufgabe erfolgreich zu erledigen.

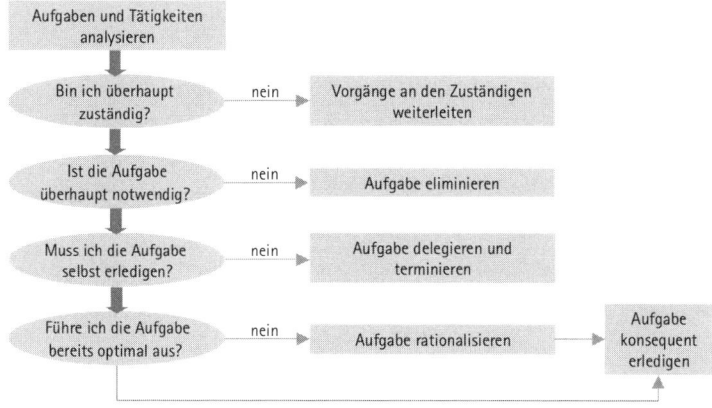

Exemplarisches Vorgehen für eine konsequente Aufgabenerledigung

2.2 Organisieren Sie Ihren Arbeitsplatz

Wächst Ihnen Ihre Arbeit auch manchmal im wörtlichen Sinne „über den Kopf"? Dann sollten Sie auch Ihr Arbeitsumfeld überprüfen. Für Ihre Arbeitssituation spielt eine durchdachte Schreibtischorganisation eine wichtige Rolle.

Wie sieht Ihr Schreibtisch aus?

Grundsätzlich wird bei der Schreibtischorganisation zwischen zwei Typen unterschieden: Einerseits kann ein vollgestellter Schreibtisch Erfolg symbolisieren: „Ich habe viel zu tun". Auf der anderen Seite kann aber auch ein aufgeräumter, leerer Schreibtisch Erfolg signalisieren: „Ich habe alles weggeschafft und gute Arbeit geleistet".
Auch wenn Sie zu den Menschen gehören, die von sich stolz behaupten, das Chaos auf dem eigenen Schreibtisch meisterhaft zu beherrschen – Studien zeigen, dass Sie mit leerem Schreibtisch konzentrierter und effizienter arbeiten. Probieren Sie es aus. Wenn es für Sie nicht funktioniert, hindert Sie nichts daran, wieder zum gewohnten Chaos zurückzukehren.

Checkliste: Wie Sie Ihren Schreibtisch beherrschen	✓
• Legen Sie drei Körbe an: Eingangs-, Ausgangs- und Papierkorb.	
• Deponieren Sie jedes eingehende Schriftstück im Eingangskorb.	
• Nehmen Sie jedes Blatt Papier nur einmal in die Hand und ordnen Sie es sofort der richtigen Vorgangs- und damit Erledigungsart zu.	
• Lassen Sie nichts „einfach so" auf Ihrem Schreibtisch liegen.	
• Legen Sie nichts, was Sie einmal herausgenommen haben, in den Eingangskorb zurück.	
• Legen Sie nur den Vorgang auf Ihren Schreibtisch, an dem Sie gerade arbeiten.	
• Sorgen Sie dafür, dass der Eingangskorb und Ihr Schreibtisch jeden Abend leer sind.	

Ablagesystem

Für eine optimale Organisation des Arbeitsumfeldes empfiehlt es sich, den Arbeitsplatz und entsprechend das Ablagesystem auf mehreren Ebenen anzulegen, auf die Sie von der zentralen Arbeitsfläche aus bei Bedarf unmittelbar zugreifen können.

• Langfristig aufbewahrte Akten, Formulare und Büromaterialien gehören in die Unterschränke.

• Aktuelle Vorgänge müssen sich im Blickfeld befinden, z. B. in Ablagekörben.

• Für wichtige Notizen ist eine Pinnwand in Augenhöhe vor oder neben der Hauptarbeitsfläche geeignet.

• Verstauen Sie in den oberen Schubladen Ihrer Arbeitsschränke alles, was Sie häufig brauchen, z. B. Kleingeräte und Werkzeuge, die Sie bisher auf dem Schreibtisch herumliegen hatten.

• Unterteilen Sie Ihre Schubladen und Schränke durch offene Schachteln, Trennwände, Sortierkästen etc.

• Arbeiten Sie mit Hängeregistern, in denen Sie einzelne Arbeitsgebiete oder Themenfelder sammeln (legen Sie keine Stapel auf dem Schreibtisch, Regalen oder Schränken ab!).

• Wenn Themengebiete nicht mehr aktuell oder abgeschlossen sind, wandern sie vom Hängeregister in Ordner (oder in den Papierkorb).

Kienbaum Expertentipps:
Exakte Ordnung!

In Ihrem Büro darf es nur genau eine Möglichkeit geben, wo sich ein bestimmtes Schriftstück befinden kann. Das erspart Ihnen enorm viel Zeit beim Suchen.

Für Andere tabu!

Außer Ihnen selber darf niemand die Unterlagen auf Ihrem Schreibtisch bewegen – Ihr Schreibtisch muss für alle anderen Personen Tabuzone sein. Es darf nur einen Platz geben (z. B. ein Ablagefach), an dem andere etwas für Sie deponieren dürfen.

Nützlich sind auch folgende Tipps:

- Begrenzen Sie die Menge an „Nippes" und „Zwischenablagen" auf Ihrem Schreibtisch.
- Lassen Sie auf dem Schreibtisch nur die Unterlagen liegen, die zur soeben bearbeiteten Sache gehören.
- Begrenzen Sie sich stets auf nur eine Sache.
- Legen Sie die Dinge, die Sie oft brauchen, in Griffweite.
- Stellen Sie Telefon, PC, Laptop etc. so auf, dass die Kabel nicht quer über den Tisch laufen.

Entrümpelung

Anstatt große Aufräumaktionen durchzuführen, zu denen Sie sich vermutlich lange Zeit nicht durchringen können und die Sie dann viel Zeit und Mühe kosten, misten Sie lieber regelmäßig aus. Nutzen Sie hierfür ein Leistungstief oder Motivationsloch, wenn Sie sich mit einer anderen Aufgabe ohnehin quälen und merken, dass Sie die Zeit „totschlagen". Werfen Sie alle Unterlagen wie Kataloge, Prospekte etc. weg, die älter als sechs Monate sind und die Sie in der Zwischenzeit nicht gebraucht haben. Alternativ können Sie das Deckblatt aufbewahren oder einscannen und dann im Bedarfsfall über das Internet die aktuelle Version aufrufen bzw. anfordern. Bewahren Sie Visitenkarten, wenn nötig, in einem alphabetischen Registerkasten auf.

Wenn doch einmal eine grundsätzliche Entrümplungsaktion notwendig ist, dann räumen Sie zunächst alles leer (Schubladen, Regale,

Arbeitsplatte, Schrankfächer etc.), bevor Sie mit dem Putzen beginnen. Anschließend sortieren Sie nach dem Prinzip, das wir bei der Priorisierung im nächsten Abschnitt vorstellen (Eisenhower-Prinzip), vier Stapel:

- Sofort zu erledigen: z. B. Ablage bearbeiten, Anruf tätigen
- Wichtig: To-do-Stapel für die nächste Zeit, am besten in Arbeitsmappen sortiert (z. B. Anrufen, Kopieren, Besprechen mit …)
- Weiterleiten: E-Mails, Post
- Wegwerfen: Prospekte, Kataloge, Zeitschriften, alte Unterlagen, Kalender, Gebrauchsanweisungen, Briefe …

Kienbaum Expertentipp: Wegwerffrist setzen

Alles, was Sie nicht wegwerfen möchten, packen Sie in einen Karton und schreiben ein Datum darauf (mindestens ein Jahr in der Zukunft liegend). Wenn dieser Zeitraum vergangen ist, ohne dass Sie etwas aus dem Karton vermisst haben, werfen Sie ihn ungeöffnet (!) weg. Funktioniert übrigens auch zu Hause! Dies gilt selbstverständlich nicht für aufbewahrungspflichtige Unterlagen und Dokumente.

Arbeitsmappen für laufende Vorgänge

Fassen Sie gleichartige, laufende Vorgänge zusammen. Dadurch schaffen Sie Ordnung auf Ihrem Schreibtisch und sparen außerdem Zeit durch Stapelverarbeitung. Wenn Sie eine Arbeitsmappe abarbeiten, gehen Sie beispielsweise nur einmal zum Kopierer und erledigen dort alle anliegenden Kopien oder telefonieren Sie alle Ansprechpartner in einem Block durch.

Beispiel: Arbeitsmappen

- Kopieren
- Postausgang
- Ablage
- An Buchhaltung
- Mit … klären
- …

2.3 Setzen Sie Prioritäten

In unserer Herangehensweise an unsere Arbeit orientieren wir uns häufig nicht an der Wichtigkeit einer Aufgabe, sondern daran, ob wir sie gerne erledigen sowie an zeitlichen Vorgaben oder dem Druck, der von anderen auf uns ausgeübt wird.

Ihre persönliche Arbeitsmethodik sollte Sie jedoch dazu führen, dass Sie sich zuerst um das Wichtigste kümmern und die weniger wichtigen Aufgaben liegen lassen, anderen übertragen oder Ihrem Papierkorb übergeben.

Priorisierungs-Tool

Nutzen Sie das folgende Instrument, um anstehende Aufgaben und Ziele in die Kategorien „Wichtigkeit" und „Dringlichkeit" einzuteilen und auf dieser Grundlage zu priorisieren. Das Prinzip ist einfach: Sie betrachten alle Aufgaben nach den Kriterien Wichtigkeit und Dringlichkeit:

1. Sind sie wichtig oder unwichtig?
2. Sind sie dringend (im Sinne von eilig) oder nicht dringend?

Nun sortieren Sie Ihre Aufgaben nach der jeweiligen Priorität:

Priorisierungshilfe		
Prio 1	Muss-Aufgabe	wichtig und dringend
Prio 2	Kann-Aufgabe	wichtig, aber nicht dringend
Prio 3	Soll-Aufgabe	dringend, aber nicht wichtig
Keine Prio	Könnte-Aufgabe	weder dringend noch wichtig

Das Eisenhower-Prinzip

Auf dieser Grundlage können Sie einschätzen, welche Aufgaben Sie sofort erledigen müssen, welche Tätigkeiten warten können, welche Sie delegieren sollten und welche in Ihren Papierkorb wandern können.

Übung: Setzen Sie Prioritäten!

Sammeln Sie die für die kommende Arbeitswoche anstehenden Aufgaben und ordnen Sie sie anhand der Priorisierungshilfe.

Woche: _____				
		Wichtigkeit	Dringlichkeit	Aufgabe
Prio 1	Muss-Aufgabe	X	X	
Prio 2	Kann-Aufgabe	X		
Prio 3	Soll-Aufgabe		X	
Papierkorb	Könnte-Aufgabe			

Kienbaum Expertentipp: Unwichtiges in den Papierkorb

Machen Sie sich bewusst, dass wichtige Dinge selten dringend sind und dringende Aufgaben selten wichtig. Ihr Ziel sollte sein, die Entstehung dringender Aufgaben von vornherein zu vermeiden. Unwichtige Aufgaben sollten Sie sofort aussortieren.

2.4   Beachten Sie Ihre Leistungskurve

Auch Ihr eigener Biorhythmus wirkt sich auf Ihre persönliche Leistungsfähigkeit und -bereitschaft aus: Unser Gehirn läuft nicht permanent auf Hochtouren, sondern verschafft sich Ruhepausen, durch die Leistungshochs und -tiefs entstehen. Der Verlauf dieser Leistungskurve ist bei jedem Menschen verschieden.

Generell haben wir es mit zwei Grundtypen von Menschen zu tun: dem Morgenmensch und dem Abendmensch. Der Morgenmensch erreicht üblicherweise sehr bald nach dem Aufstehen sein Leistungshoch und sollte deshalb möglichst frühzeitig mit wichtigen bzw. komplexen Arbeiten beginnen. Routineaufgaben können nachmittags im Leistungstief erledigt werden. Der Abendmensch zeigt zu Tagesbeginn ein eher geringes Leistungsniveau und sollte idealerweise mit leichten bzw. mit Routineaufgaben beginnen, um sein Leistungshoch am Nachmittag für wichtige Aufgaben zu nutzen.

Sie sollten immer eine Grundregel beachten: Wichtige und komplizierte Aufgaben sollten Sie möglichst im Leistungshoch bearbeiten, während Sie Routinearbeiten und standardisierte Tätigkeiten auch gut im Leistungstief erledigen können.

Kienbaum Expertentipp: Natürlicher Biorhythmus

Es bringt nichts, wenn Sie entgegen Ihrem natürlichen Biorhythmus

- als Abendmensch vormittags Endlosmeetings ansetzen,
- als Morgenmensch abends Ihr Engagement durch langes Verweilen am Arbeitsplatz demonstrieren,
- Routinearbeiten in Ihre kostbaren Hochleistungsstunden und Dinge, die Ihre volle Konzentration erfordern, in Ihre Tiefzeiten hineinlegen.

Sie können Ihre Leistungsfähigkeit und damit Ihre Produktivität deutlich steigern, wenn Sie sich Ihre individuelle Leistungskurve klarmachen und Ihre Tagesorganisation daran ausrichten. Dadurch machen Sie sich die natürlichen Gesetzmäßigkeiten Ihres Organismus zunutze.

Kienbaum Kompetenztest: Individuelle Leistungsfähigkeit

Die Leistungsfähigkeit eines Menschen ist über den Tagesverlauf hinweg nicht gleichbleibend, sondern variiert in Abhängigkeit von der Tageszeit.

Darüber hinaus treten von Mensch zu Mensch individuelle Unterschiede auf.

Setzen Sie sich mit Ihrer individuellen Leistungsfähigkeit auseinander, indem Sie folgende Fragen beantworten:

- Wann bin ich am leistungsfähigsten?
- Wann werde ich am meisten gestört?
- Wann finden bei mir üblicherweise Besprechungen statt?
- Wann kann ich in Ruhe arbeiten?

Zeichnen Sie Ihre persönliche Leistungskurve sowie Ihre persönliche Störkurve auf einem Blatt auf, so wie sie für einen typischen Arbeitstag aussehen könnte. Eine Vorlage dafür finden Sie in der Trainingseinheit dieses Kapitels.

Tipps für die Optimierung Ihrer Leistungskurve

- Finden Sie heraus, wie Ihre innere Uhr tickt! Versuchen Sie, eine Balance zwischen Ihrer inneren Uhr und den äußeren Anforderungen zu finden, indem Sie der Ereigniszeit mehr Aufmerksamkeit schenken als der Uhrzeit.
- Im Moment der allergrößten Hektik: Entschleunigen Sie! Machen Sie eine Pause, gehen Sie um den Block, setzen Sie sich kurz in ein Café und versuchen Sie, den Kopf freizubekommen.
- Nutzen Sie das Mittagstief für ein kurzes Nickerchen. Sie sind danach leistungsfähiger.
- Versuchen Sie, Ihren natürlichen Schlafrhythmus herauszufinden und legen Sie Ihre Weckzeit möglichst nicht in eine Tiefschlafphase. Mehr dazu lesen Sie in Kapitel 5.2.
- Probieren Sie einmal Ihren „inneren Wecker" aus: Sehen Sie beim Einschlafen auf dem Wecker und nehmen Sie sich eine Uhrzeit vor, zu der Sie am nächsten Morgen aufwachen wollen. Sie werden zu dieser Zeit aufwachen.

Vermeiden Sie Unterbrechungen

Nach jeder Arbeitsunterbrechung dauert es ca. 20 Minuten, bis man sich wieder völlig auf die Sache konzentrieren kann.

Den inneren Drang, alle Informationen sofort abzurufen, kennt wohl jeder. Trotzdem ist es sinnvoll, bei der Erledigung konzeptioneller Aufgaben für eine bestimmte Zeit z. B. die eingehenden E-Mails nicht abzurufen. Viele Menschen legen daher Arbeiten, für die sie sich über längere Zeit hinweg konzentrieren müssen, auf die sehr frühen Morgenstunden, wenn im Büro noch nicht viel los ist.

Arbeiten Sie Stapel ab

Sie werden Ihre Leistungen optimieren, wenn Sie Arbeitsblöcke bilden und die Stückelung von Aufgaben in einzelne kurze Arbeitsepisoden vermeiden. Gleichartige Tätigkeiten wie z. B. Telefonate können Sie zusammenfassen und innerhalb eines zusammenhängenden Zeitfensters erledigen. Die Wiederaufnahme unterbrochener Tätigkeiten kostet Sie dagegen zusätzliche Zeit für die erneute Einarbeitung und sollte deshalb vermieden werden.

> **Kienbaum Expertentipp: „Stapelverarbeitung"**
>
> Fassen Sie ähnliche Aufgaben zusammen und erledigen Sie diese direkt nacheinander. Viele kleine Aufgaben eignen sich dazu, sie als Serienproduktion durchzuführen:
> - Rechnungen sammeln und bezahlen
> - Anrufe bündeln/Zeiten für Telefonate einplanen
> - Einkäufe erledigen
> - E-Mails abrufen und bearbeiten

Nehmen Sie sich kurze Auszeiten

Auch durch das Einplanen von Arbeitspausen können Sie Ihre Arbeitsergebnisse optimieren. Regelmäßige kurze Pausen sind keine Zeitverschwendung, sondern fördern in Verbindung mit körperlicher Bewegung, Entspannungsübungen, kurzzeitiger Änderung des Arbeitsumfeldes und Sauerstoffzufuhr Ihre Leistungsfähigkeit.

Anders als störende Arbeitsunterbrechungen helfen Pausen daher, Ihre Konzentrationsfähigkeit aufrechtzuerhalten. Experten raten dazu, alle zwei Stunden mindestens eine fünfminütige Pause einzulegen. Meist sind unsere Leistungen nach der kleinen Erholung besser, als sie es vorher waren. Diesen Effekt der Leistungssteigerung nach einer kurzen Unterbrechung bezeichnet man als „Reminiszenzeffekt".

Es kann auch durchaus sinnvoll sein, während der Arbeitszeit mal einen Schwenker in das private E-Mail-Postfach, auf Nachrichtenseiten oder zu anderen Bereichen, die einen interessieren, zu machen – natürlich nur, sofern es der Arbeitgeber und die sonstigen Rahmenbedingungen gestatten. Auch ein gelegentlicher Plausch mit den Kollegen kann stressreduzierend wirken und fördert das soziale Netzwerk am Arbeitsplatz.

2.5 Planen Sie, ohne sich zu verplanen

Je sinnvoller Sie sich Ihre Arbeitszeit einteilen und planen, desto besser können Sie sie für die Verwirklichung Ihrer persönlichen Berufs- und Zielvorstellungen nutzen. Auch wenn dies zunächst mit einem Mehraufwand an Zeit verbunden ist, erreichen Sie durch eine fundierte Planung Ihr Arbeitsziel schneller und effizienter, da Sie entsprechend weniger Zeit für die Durchführung Ihrer Aufgaben benötigen. Diesen Zeitgewinn können Sie für weitere wichtige Aufgaben nutzen.

> **Kienbaum Expertentipp: Arbeitszeitplanung**
> Bereiten Sie jeden Arbeitstag fünf Minuten lang vor und arbeiten Sie konsequent nach dieser Planung. So können Sie jeden Tag viel Zeit für das Wesentliche gewinnen.

Regelmäßige Planung
* verschafft Ihnen einen Überblick über die Aufgaben des Tages,
* dient als Gedächtnisstütze,
* erleichtert Ihnen die Konzentration auf das Wesentliche,
* unterstützt Sie bei der Erreichung Ihrer Tagesziele,
* lässt Sie Prioritäten und Delegationsmöglichkeiten erkennen,
* ermöglicht Ihnen die Bündelung von Aufgaben,
* fördert Ihre Selbstdisziplin in der Aufgabenerledigung und
* ermöglicht Ihnen Selbstkontrolle.

Das Pareto-Prinzip: Sparen Sie sich 80 Prozent

Wenn Sie Ihre Aufgaben planen, betrachten Sie sie zunächst einmal nach folgendem einfachem Prinzip: Die sogenannte 80:20-Regel besagt, dass 80 % einer Aufgabe in 20 % der aufgewendeten Gesamtzeit erledigt werden können, während die verbleibenden 20 % die meiste Arbeit verursachen. Diese Regel basiert auf dem Prinzip des italienischen Volkswirtschaftlers Vilfredo Pareto.

Beispiele: 80:20-Regel

- 20 % der Kunden machen 80 % der Arbeit (und es sind in der Regel nicht dieselben, die auch 80 % des Umsatzes bringen!)
- 20 % der Besprechungszeiten bringen 80 % der Resultate
- 20 % der Fehler verursachen 80 % der Kosten und Aufwände für deren Behebung

Bei der Planung und Priorisierung Ihrer Aufgaben können Sie davon ausgehen: Mit 20 % der eingebrachten Leistung erzielen Sie 80 % des Ergebnisses und umgekehrt! Überprüfen Sie also vorab Ihre einzelnen Arbeitsschritte darauf, wo sich die 20 % verstecken, die Ihnen enorm viel Zeit rauben, aber vielleicht zur Erreichung Ihres Ziels gar nicht unbedingt erforderlich sind!

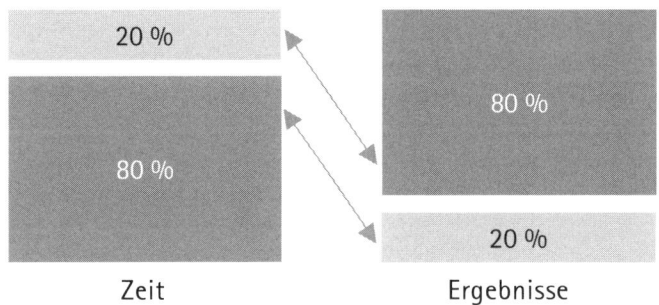

Die 80:20-Regel nach dem Pareto-Prinzip

Grundregel der Planung: Lassen Sie Freiraum

Vielleicht gehören Sie zu den Menschen, die das Gefühl haben, keine Zeit für Planungstätigkeiten verschwenden zu können. Die gute Nachricht lautet: Sie müssen ohnehin nur maximal 60 % Ihrer verfügbaren Arbeitszeit verplanen, damit Ihnen die übrigen 40 % als Pufferzeit zur Verfügung stehen. Unvorhergesehene Ereignisse, Störfaktoren, Zeitdiebe und persönliche Bedürfnisse erfordern, sich nicht restlos zu verplanen. Ihre Zeitplanung sollte demnach aus drei Blöcken bestehen:

1. ca. 60 % für *geplante* Aktivitäten (Tagesplan)
2. ca. 20 % für *unerwartete* Aktivitäten (Störungen, Zeitdiebe)
3. ca. 20 % für *spontane* und soziale Aktivitäten (kreative Zeiten)

Wenn Sie es für notwendig halten, mehr als 60 % der verfügbaren Arbeitszeit zu verplanen, dann sollten Sie versuchen, Ihren Aufgabenkatalog durch Prioritätensetzung, Kürzungen und Delegation auf ein realistisches Maß reduzieren. Ansonsten laufen Sie Gefahr, den Rest verschieben, streichen oder in Überstunden abarbeiten zu müssen. Machen Sie es sich zur Gewohnheit, am Ende eines jeden Arbeitstages durch eine Nachkontrolle zu prüfen, inwieweit Sie Ihre Ziele erreicht haben. Übertragen Sie die nicht erledigten Aufgaben in Ihre nächste Tagesplanung.

Planen Sie schriftlich

Zur schriftlichen Planung Ihrer Arbeitszeit können Sie verschiedene Formen von Zeitplänen verwenden wie beispielsweise Mehrjahres-, Jahres-, Monats-, Wochen- und Tagespläne. Die Planungsform der schriftlichen Fixierung hat viele Vorzüge:

- Sie behalten den Überblick über alle anstehenden Aufgaben, Projekte und Tätigkeiten und entlasten Ihr Gedächtnis.
- „Schwarz auf weiß" besitzt eine Planungsliste einen starken Motivationseffekt: All Ihre Aktivitäten bei der Bewältigung des Tagesgeschäfts sind damit auf eine zielorientierte Erledigung Ihres Tagespensums ausgerichtet.
- Sie unterstützen dadurch Ihre Konzentration auf das Wesentliche und lassen Zeitdieben keine Chance.
- Zu Papier gebracht, können Sie besser kontrollieren und dokumentieren, zu welchem Grad Sie Ihre Ziele erreicht haben.
- Unerledigte Aufgaben gehen nicht verloren, sondern können auf einen anderen Tag übertragen werden.
- Schriftliche Zeitpläne, in einem separaten Ordner gesammelt, stellen gleichzeitig eine Dokumentation der von Ihnen geleisteten Arbeit dar und können Ihnen in speziellen Fällen auch als Nachweis und Protokoll dienen.
- Schließlich lernen Sie durch die Vorausplanung des Aufwands, auch den Zeitbedarf künftiger Aufgaben abzuschätzen.

Wenn Sie die Arbeit mit Zeitplänen beginnen, ist es am besten, zunächst jeden einzelnen Tag zu planen, denn der Tag ist die kleinste und damit überschaubarste Einheit einer systematischen Zeitplanung. Nur wenn Sie Ihre Tagesabläufe durch Planung in den Griff bekommen, werden Sie später auch längere Perioden wie Monats- oder Jahrespläne einhalten können.

Arbeiten Sie mit Checklisten

Strukturieren Sie Ihre Arbeit mithilfe von Checklisten. Das verschafft Ihnen viel Zeit und erleichtert Ihnen die Arbeit deutlich. Legen Sie diese Checklisten für immer wiederkehrende Themen an, aktualisieren Sie sie fortlaufend und drucken Sie sie bei Bedarf aus. Beispielhafte Checklisten sind

- To-do-Liste für einen Arbeitstag,
- Prozess-Checklisten (Ablauf regelmäßiger Prozesse),
- Checkliste zur Sichtung von z. B. Bewerbungsunterlagen,
- Geburtstagslisten mit Geschenkideen.

Kienbaum Expertentipp: Regeln für die Arbeitsplanung

- Planen Sie unbedingt schriftlich
- Setzen Sie Prioritäten
- Prüfen Sie die Möglichkeit der Delegation
- Verplanen Sie nur 60 % Ihrer Arbeitszeit
- Schätzen Sie den Zeitbedarf realistisch ein
- Setzen Sie sich Termine
- Berücksichtigen Sie Ihre persönliche Leistungskurve
- Planen Sie Pausen ein

2.6 Wie Sie mehr von Ihrer Zeit haben

Effizientes Zeitmanagement bietet Ihnen einen Schlüssel, um dieselben Ergebnisse in kürzerer Zeit und mit weniger Hektik zu erreichen. Zeitmanagement bedeutet aber nicht nur, Ihre Tagesabläufe zu planen, sondern auch, bewusst zu entscheiden, wann Sie eine Pause machen sollten und zu beachten, zu welchen Zeiten des Tages Sie welche

Aufgaben am besten in Angriff nehmen können. Auf diese Weise können Sie Ihre Konzentration am besten aufrechterhalten.

Kienbaum Expertentipp: Was Sie wirklich managen können

Genau genommen ist der Begriff „Zeitmanagement" irreführend, da die Zeit unabhängig davon vergeht, was Sie in einem bestimmten Zeitraum tun oder auch nicht tun. Das Einzige, was Sie damit erreichen können, ist, sich selbst zu steuern, um die Ihnen zur Verfügung stehende Zeit optimal zu nutzen. Daher bedeutet Zeitmanagement eigentlich „Selbstmanagement".

Zeitmanagement baut auf Grundregeln auf, die Ihnen helfen, effektiv mit Ihrer Zeit umzugehen und diese zweckmäßig, realistisch und ergebnisorientiert einzuteilen. Haben Sie Probleme damit, Ihre eigene Zeit zu beherrschen? Haben Sie im Alltag nur wenig Zeit für Dinge, die Sie gerne tun und die Sie zufrieden machen? Erleben Sie häufig beruflich und privat bedingten Stress im Sinne von Hektik und Zeitdruck? Dann leiden Sie vermutlich bereits relativ stark unter *zeitbedingtem Stress*.

Beispiel: Anzeichen für zeitbedingten Stress
- Ich bin oft in Eile.
- Ich komme zu Verabredungen oft zu spät.
- Ich habe das Gefühl, nicht genug Zeit für mich/meine Familie/meine Freunde zu haben.
- Ich delegiere selten Aufgaben.
- Ich zögere Dinge oft hinaus.
- Ich habe mich schon lange nicht mehr entspannt gefühlt.
- Ich habe das Gefühl, die Arbeit wird nicht weniger – sie wächst mir über den Kopf.

Mit dem folgenden Test können Sie herausfinden, wie es um Ihr persönliches Zeitmanagement steht. Kreuzen Sie dafür einfach bei den 15 Aussagen des Tests an, was für Sie selbst jeweils am ehesten zutrifft:

(1) nie   (2) selten   (3) manchmal   (4) häufig   (5) fast immer

In der anschließenden Auswertung erfahren Sie, welcher Zeitmanagement-Typ Sie sind und was Sie möglicherweise besser machen können.

Kienbaum Kompetenztest: Individuelles Zeitmanagement

Fragebogen

	1	2	3	4	5
Mitarbeiter kommen zu mir, weil sie Rückfragen haben. (d)					
Es stört mich nicht, wenn ich bestimmte Dinge nicht perfekt erledigt habe. (b)					
Beim Lesen von Schriftstücken überfliege ich zunächst den Inhalt bzw. die Zwischenüberschriften, bevor ich ins Detail einsteige. (e)					
Ich muss komplizierte Vorgänge wieder aus der Hand legen, bevor ich sie endgültig erledigen kann. (c)					
Ich arbeite in der Regel länger als meine Kollegen. (a)					
Ich ärgere mich über die große Papierflut, Reklamesendungen etc. (e)					
Anstehende Entscheidungen fälle ich selbst, und zwar möglichst rasch. (d)					
Ich sitze auch am Wochenende am Schreibtisch. (a)					
Ich empfinde es als unangenehm, auch einmal „Nein" sagen zu müssen. (b)					
Ich habe das Gefühl, dass ich mich mit zu vielen Dingen gleichzeitig beschäftige. (c)					
Ich verfolge auch die Details von Projekten, die meine Mitarbeiter bearbeiten. (b)					
Ich empfinde das Telefon als einen Störfaktor. (e)					
Mir fehlt die Zeit, um meinen Hobbys nachzugehen. (a)					
Bevor ich eine Sache einem Mitarbeiter erklärt habe, erledige ich sie lieber selbst. (d)					
Ich empfinde unangemeldete Besuche als Störfaktor. (c)					

Auswertung: Addieren Sie nun die Werte der einzelnen Kategorien.

Kategorie	a	b	c	d	e
Punkte					

Bedeutung	
3 – 6 Punkte	Diese Kategorie betrifft Sie nur in seltenen Fällen.
6 – 9 Punkte	Diese Kategorie sollten Sie sich genauer anschauen und reflektieren, ob Sie etwas an Ihrem Zeitmanagement ändern möchten.
9 – 12 Punkte	Diese Kategorie betrifft Sie recht häufig. Versuchen Sie sich Ihrer Zeitmanagement-Eigenheiten bewusst zu werden und sie ggf. anzupassen.
12 – 15 Punkte	Diese Kategorie beschreibt Ihr Zeitmanagement genau. Unterziehen Sie Ihr Zeitmanagement daher einer konsequenten Prüfung und versuchen Sie, Schwachstellen zu entlarven und zu verbessern, sodass Ihr Umgang mit Ihrer Zeit für Sie angenehmer und nutzbringender wird.

In welcher Kategorie haben Sie am meisten Punkte erzielt?

Kategorie a:	Überprüfen Sie Ihre grundsätzliche Einstellung zum Umgang mit der Zeit und den Stellenwert, den Sie Ihrer Freizeit beimessen.
Kategorie b:	Fragen Sie sich, ob Sie ein Mensch sind, der nicht „Nein" sagen kann, ob Sie ein Perfektionist sind und wie viel Zeit Sie diese Eigenschaften kosten.
Kategorie c:	Überlegen Sie, wie Sie wirksamer mit Störungen umgehen können und überprüfen Sie Ihre Arbeitsorganisation.
Kategorie d:	Fragen Sie sich, ob Sie alle Möglichkeiten zu delegieren ausschöpfen. Trauen Sie Ihren Mitarbeitern zu, die ihnen übertragenen Aufgaben zu erledigen?
Kategorie e:	Prüfen Sie, ob Sie immer zielgerichtet und sinnvoll mit Informationen umgehen und ob es Möglichkeiten zur besseren Strukturierung und Informationsverarbeitung gibt.

Kienbaum Expertentipp: Grenzen des Zeitmanagements

Vergessen Sie nicht, dass Zeitmanagement auch seine Grenzen hat. Es liefert keine inhaltlichen Ergebnisse und Ideen und es kann Teamarbeit oder gar gute Mitarbeiterführung nicht ersetzen. Auch fehlende Kompetenz oder Motivation können mit Zeitmanagement nicht kompensiert oder gar behoben werden.

Wie Sie Zeitdiebe stellen

Immer wieder führen unvorhergesehene Ablenkungen und Störungen während der Arbeit zu erheblichen Zeitverlusten. Diese Unterbrechungen können von außen verursacht werden, beispielsweise von Kollegen oder Klienten, oder in Ihrer Person selbst liegen (Selbststörungen, Konzentrationsschwächen). Ein typisches Beispiel für selbstverursachte Ablenkung ist die (zumeist unbewusste) „Aufschieberitis", d. h. die Angewohnheit, die Erfüllung wichtiger Aufgaben immer wieder auf einen späteren Zeitpunkt zu verlegen (mehr zur „Aufschieberitis" und wie sie Stress verursachen kann, erfahren Sie ab Seite 83).

Mit jeder Störung wird es Ihnen schwerer fallen, sich wieder auf Ihre Arbeit zu konzentrieren. Viele kleine Störungen können Ihr Leistungshoch daher erheblich beeinträchtigen. Dabei geht nicht nur der Zeitraum der eigentlichen Störung verloren, sondern auch die Zeit, die Sie benötigen, um Ihre Arbeit wieder aufzunehmen und sie mit gleicher Intensität fortsetzen zu können. Ein konzentriert arbeitender Mensch benötigt ca. 20 Minuten, um nach einer kurzen Störung wieder voll konzentriert zu sein. Zu wissen, dass man jeden Moment wieder gestört werden kann, verhindert außerdem die Tiefenkonzentration.

Es kann sehr wirksam sein, sich pro Tag während des persönlichen Leistungshochs mindestens eine stille Stunde oder Sperrzeit einzurichten, die Sie sich von allen Störungen freihalten, um sich auf eine einzelne Aufgabe konzentrieren zu können.

Kennen Sie Ihre Zeitdiebe?

Identifizieren Sie Ihre Zeitdiebe und gehen Sie systematisch gegen sie vor. Dabei hilft Ihnen das Zeitprotokoll, das Sie erstellt haben. Es wird Ihnen schwarz auf weiß aufzeigen, bei welchen Tätigkeiten Sie Zeit verloren haben.

Tipps für den Umgang mit Zeitdieben

- Erledigen Sie Ihre Aufgaben mit hoher Priorität in möglichst komplett störungsfreien Zeiten.
- Verhindern Sie Unterbrechungen, indem Sie beispielsweise Ihr Telefon abstellen oder die eingehenden Anrufe nach Priorität und Wichtigkeit filtern (mehr dazu finden Sie in Kapitel 2.3).

- Vereinbaren Sie mit Ihren Kollegen und Mitarbeitern konzentrierte Gespräche (1 x fünf Themen in einem Gespräch anstatt 5 x ein Thema in fünf Gesprächen).
- Vergessen Sie den Pseudozwang der „offenen Tür" und fokussieren Sie stattdessen Ihre Kommunikation mit Kollegen und Mitarbeitern auf konzentrierte Mitarbeitergespräche.
- Alle Beteiligten müssen zu gegebener Zeit auch akzeptieren, dass Sie manchmal Ihre Ruhe brauchen und ungestört arbeiten wollen. Auch die Verwendung von Ohrstöpseln kann eine geeignete Möglichkeit zur Lärmreduzierung und konzentrierter Arbeitsweise darstellen.

Wege aus der Meetingfalle

Ihre Mitarbeiter auf dem Laufenden zu halten, mit ihnen zusammen an Problemen und Lösungen zu arbeiten und gemeinsame Vereinbarungen zu treffen, gehört zu den Kernaufgaben einer Führungskraft. Allerdings können Meetings auch ungeheure Zeitfresser sein: Besprechungen, die im Nachhinein weder produktiv noch sinnvoll erscheinen. Es liegt in Ihrer Hand, das zu verhindern.

Checkliste: Ist das geplante Meeting notwendig?

Viele Probleme lassen sich auch ohne Meetings lösen. Bevor Sie also eine Besprechung einberufen, sollten Sie sich überlegen, ob diese tatsächlich notwendig und sinnvoll ist.

• Ist es möglich, dieses Meeting durch Einzelgespräche oder auch durch schriftliche Kommunikation zu ersetzen? Für solche Lösungen spricht auch der Kosten-Nutzen-Aspekt.	
• Ist das Thema für ein Meeting geeignet?	
• Gilt es, Entscheidungen personeller oder technischer Art zu treffen, über die die Beteiligten unbedingt im Vorfeld informiert werden müssen?	
• Sind Sie als Führungskraft eventuell befugt, allein zu entscheiden, z. B. nach einer Grundsatzentscheidung der obersten Führungsebene?	
• Handelt es sich hier um eine Routinebesprechung, deren Turnus möglicherweise nicht länger sinnvoll ist?	

Kienbaum Expertentipp: Sinnfrage klären, Meetingdauer begrenzen

Generell ist es sinnvoll, sich vor jedem Meeting, das Sie einberufen wollen, zunächst die Sinnfrage zu stellen: „Was geschieht, wenn dieses Meeting ausfällt?" Wenn Sie hierauf keine stichhaltige Antwort finden, sollten Sie die Notwendigkeit der Besprechung kritisch hinterfragen.

Legen Sie bei der Planung von Meetings schon vorab fest, wie lange sie dauern sollen – das erhöht die Effizienz der Zusammenarbeit in den Besprechungen.

Eine Besprechung ist nur dann erfolgreich, wenn die Vorbereitung stimmt. Die wichtigste Frage, aus der sich alle weiteren Faktoren ableiten, ist daher die nach dem Ziel des Meetings. Dabei gilt: Je genauer Sie schon im Vorfeld darüber nachdenken, was Sie eigentlich erreichen wollen, desto effektiver wird die Besprechung ablaufen.

Checkliste: Fragen zur Zielformulierung von Meetings

- Was ist mein Hauptziel?
- Welche Punkte müssen im Meeting zur Sprache kommen?
- Welche Entscheidungen sind zu treffen?
- Was will ich erreichen?
- Was will ich vermeiden?
- Wo liegen mögliche Konflikte?
- Wie ist der Informations- und Wissensstand der Teilnehmer?
- Welche Informationen brauchen die Teilnehmer?

Vermeiden Sie „Aufschieberitis"

Kein Mensch bleibt von unangenehmen Aufgaben verschont. Eine natürliche Reaktion besteht darin, die Dinge, die uns belasten oder keinen Spaß machen, aufzuschieben. Wir versuchen uns das Leben zu erleichtern, indem wir unangenehmen Dingen aus dem Weg gehen. Tatsächlich macht man sich das Leben dadurch aber nur schwerer, weil die unliebsamen Aufgaben leider nur in den seltensten Fällen verschwinden. Das Hinauszögern von unangenehmen Aufgaben ist einer der größte Zeitfresser und produziert viel Stress.

Hinterfragen Sie: Warum zögern Sie Dinge hinaus?

1. Die Aufgabe macht Ihnen viel Mühe und nur wenig bzw. keinen Spaß.
2. Sie haben Angst, die Aufgabe nicht gut erledigen zu können. Sie haben Angst vor dem möglichen Versagen und der daraus resultierenden Unzufriedenheit mit sich selbst.
3. Sie befürchten, dass jemandem Ihre Leistung nicht gefallen wird. Sie haben Angst vor Ablehnung und legen großen Wert auf die Meinung anderer.
4. Sie denken, die Aufgabe könnte überflüssig sein und haben deshalb keine Lust, sie zu erledigen.

Woran erkennen Sie Aufschieberitis?
• „Das hat doch noch Zeit ..."
• „Das sollte man nicht übers Knie brechen ..."
• „Ich arbeite sowieso immer auf den letzten Drücker am besten ..."
• „Ich will zuvor nur noch eben ..."

Auf den ersten Blick erscheint die „Aufschieberitis" nicht unbedingt als fehlgeschlagener Versuch, mit Stress umzugehen. Wenn Sie genauer hinsehen, enthüllt sich aber ein einfacher Mechanismus, der hinter dieser Verhaltensweise steckt: Jeder Mensch hat gerne Erfolgserlebnisse. Erfolg steigert unser Wohlbefinden und hebt unser Selbstbewusstsein. Nur muss man sich leider in vielen Bereichen anstrengen und Ausdauer beweisen, um Erfolg zu haben. Der Wunsch nach einfachen und schnellen Erfolgen ist meist die unbewusste Ursache des Aufschiebens: Anstatt sich mit den aufgeschobenen Aufgaben auseinanderzusetzen, erledigen Sie einfachere oder weniger anstrengende Dinge.

Beispiel: Das Fensterputz-Phänomen

Obwohl Sie sich in das neue Kalkulationsprogramm einarbeiten oder den Vortrag für nächste Woche fertigstellen müssten, beschäftigen Sie sich mit unwichtigeren Dingen, wie dem Putzen der Fenster oder dem Sortieren alter Akten. Kurze Zeit später können Sie sich für das Resultat loben: Die Fenster blitzen, die Akten liegen fein säuberlich auf separaten Stapeln. Leider sind die wirklich wichtigen Aufgaben aber noch immer nicht erledigt.

Das ständige Aufschieben führt mit der Zeit zu Unzufriedenheit: Denn es häufen sich immer mehr Aufgaben an, die Sie erledigen müssen. Spätestens jetzt schlägt die Situation um – die vermeintliche Stressbewältigungsstrategie entpuppt sich als zusätzlicher Stressauslöser.

Strategien gegen Aufschieberitis
Erledigen Sie unangenehme Aufgaben zuerst.
Versuchen Sie, Ihre unangenehmsten Aufgaben entsprechend Ihrem individuellen Biorhythmus dann zu erledigen, wenn Sie Ihr Leistungshoch haben.
Bringen Sie unerfreuliche Dinge schnell hinter sich, anstatt den ganzen Tag lang von ihnen verfolgt zu werden.

Wenden Sie die Salamitaktik an.

Manchmal hilft es, wenn Sie sich unangenehme Aufgaben scheibchenweise vornehmen.

Versuchen Sie, sich fünf bis zehn Minuten lang einer unangenehmen Aufgabe zu widmen. Wenn Sie einmal dabei sind, stellen Sie vielleicht fest, dass sie gar nicht so unangenehm ist. Und selbst wenn Sie nach kurzer Zeit wieder aufhören, werden Sie merken, dass Sie schon ein Stück weitergekommen sind.

Setzten Sie sich selbst einen Termin.

Der Termin sollte unbedingt realistisch sein und von Ihnen schriftlich festgehalten werden.

Informieren Sie Ihren Chef oder Kollegen über den Termin, den Sie sich gesetzt haben.

Versprechen, die wir nur uns selbst gegenüber gemacht haben, brechen wir leichter als Versprechen, die wir auch anderen gegeben haben.

Wenn Sie vor einer Aufgabe stehen, die Ihnen so gegen den Strich geht, dass kein „Trick" hilft und Sie sich einfach nicht dazu aufraffen können:

Versuchen Sie, die Aufgabe in einem größeren Zusammenhang zu sehen. Überlegen Sie, was die Erledigung der Angelegenheit Ihrem Unternehmen (oder Ihnen selbst!) letztlich für einen Nutzen bringt. Dadurch wird die Aufgabe zwar nicht weniger unangenehm, aber Ihre Einstellung ändert sich!

Das Märchen vom effizienten Multitasking

Lange Zeit wurde als Patentrezept gegen Stress propagiert, man solle einfach verschiedene Aufgaben gleichzeitig erledigen. Dieses sogenannte „Multitasking" hat sich inzwischen jedoch als weitgehend ineffizient erwiesen. Viele Dinge funktionieren scheinbar problemlos gleichzeitig, z. B. Autofahren und Telefonieren, und dank der Freisprechanlage ist dies inzwischen sogar erlaubt. Im Fahrsimulator zeigt sich allerdings, dass das Reaktionsverhalten des Fahrers dabei stark eingeschränkt ist. Es entspricht etwa dem Reaktionsverhalten eines Menschen mit einem Alkoholpegel von 0,8 Promille.

Beim Multitasking verlangt uns die gleichzeitige Bewältigung mehrerer Aufgaben verschiedene kognitive Ressourcen ab. Das Gehirn filtert Information daher automatisch auf eine vom Menschen wahrnehmbare Menge herunter. So kann bei einem Telefongespräch im Auto die visuelle Wahrnehmung auf den sogenannten „Tunnelblick" reduziert werden – ein gefährlicher Nebeneffekt des Multitaskings in diesem Fall. Wir können zwar tatsächlich zwei Dinge gleichzeitig tun, schenken aber beiden nur die halbe Aufmerksamkeit und erledigen beide damit auch weniger effizient.

> **Kienbaum Expertentipp: Kaufen Sie sich Zeit**
>
> Holen Sie sich lieber Unterstützung für Tätigkeiten, die Ihnen unnötig viel Zeit rauben (z. B. putzen, waschen, bügeln). Sie erkaufen sich dadurch mehr Zeit für Dinge, die Sie gerne tun und die Ihr Leben einfacher machen. Das gute Gefühl und die Zeit, die Sie gewinnen, sind in der Regel den finanziellen Aufwand wert.

2.7   Stress und Arbeits(un-)zufriedenheit

Das Gefühl, bei der Arbeit ständig gestresst zu sein, kann langfristig zu einer grundsätzlichen Unzufriedenheit mit Ihrem Arbeitsplatz führen. Umgekehrt kann aber auch die Unzufriedenheit mit der eigenen Tätigkeit zu einem zentralen Stressor werden. Gefühle, die durch verschiedene Aspekte des Berufslebens ausgelöst werden können, wirken in diesem Zusammenhang als potenzielle Stressauslöser:

- Zu starker (Leistungs-)Druck durch nur schwer realisierbare bzw. überhöhte Zielvorgaben
- Starkes Konkurrenzdenken im Kollegenkreis
- Unsicherheit aufgrund ungenauer Vorstellungen, was von Ihnen erwartet wird
- Überforderung, aber auch Unterforderung
- Für Sie persönlich unpassende Rahmenbedingungen (z. B. Pendeltätigkeit, viele Dienstreisen, eine Unternehmenskultur, in der Sie sich nicht wohlfühlen)
- Fehlende Wertschätzung gegenüber Ihrer Person und/oder Ihrer Arbeit

Bekommen Sie genug Anerkennung?

Gerade der letztgenannte Punkt kann zu einem sehr frustrierenden Faktor werden – das Gefühl, dass die von Ihnen geleistete Arbeit nicht hinreichend anerkannt wird. Wir suchen nach Anerkennung, weil sie uns die Wertschätzung vermittelt, die uns entgegengebracht wird, und weil sie unser Selbstwertgefühl stärkt. Berufliche Anerkennung ist nicht einfach nur eine nette Zugabe, sondern ein grundlegendes Bedürfnis jedes arbeitenden Menschen.

Unter einer sogenannten „Gratifikationskrise" versteht man in diesem Zusammenhang ein Ungleichgewicht zwischen arbeitnehmerseitiger Verausgabung einerseits und arbeitgeberseitiger Belohnung, also Anerkennung, andererseits. Nach einer bestimmten Zeit der Verausgabung bei fehlender Belohnung stellen wir unsere Bemühungen ein, da unsere Belohnungsvorstellungen nicht erfüllt worden sind. Wir fragen uns: „Was steckt da überhaupt noch für mich drin? Werde ich für meine Bemühungen nicht eher bestraft als belohnt?"

Die Konsequenzen dieses Denkens sind mitunter verheerend. Sie können von innerer Kündigung über Sabotage bis hin zur tatsächlichen Kündigung reichen. Gratifikationskrisen können zudem erwiesenermaßen zu Burnout-Syndromen und Depressionen führen und sich in zahlreichen körperlichen Erkrankungen manifestieren.

Wichtig ist, dass Sie als Arbeitnehmer den Mut aufbringen, es nicht soweit kommen zu lassen, und dass Sie wahrgenommene Missstände ansprechen. Wer nie seine Unzufriedenheit äußert riskiert, dass alle anderen denken, man sei mit sich und der Situation zufrieden.

Kienbaum Expertentipp: Unzufriedenheit mit der Gratifikation äußern

Wenn Sie sich in einer Gratifikationskrise befinden und glauben, Sie bekommen zu wenig Anerkennung, so sollten Sie das möglichst frühzeitig Ihrer Führungskraft gegenüber ansprechen.

Auch wenn es ein wenig Überwindung kosten mag: Es ist wichtig, dass Sie Konflikte und Unzufriedenheit nicht zu lange „in sich hineinfressen". Denn ansonsten laufen Sie Gefahr, sich immer unwohler zu fühlen und Ihre Vorgesetzten und Mitarbeiter vor den Kopf zu stoßen, wenn sie irgendwann doch erfahren, dass Sie bereits seit Langem unzufrieden waren.

Eine Möglichkeit, sich Ihre Wünsche und Ziele bewusst zu machen, ist ein Coaching. Durch die Unterstützung des Coaches können die meisten Menschen relativ leicht ihre eigene Situation reflektieren.

Nutzen Sie derartige Angebote und suchen Sie das Gespräch, bevor es zu spät ist. Ein Jobwechsel sollte erst als eine der letzten Optionen in Erwägung gezogen werden.

Ein beruflicher Neubeginn kann die Lösung sein

Wenn Sie mit allen Mitteln der Stressreduktion keine signifikante Verbesserung Ihrer Situation erreicht haben, dann stellt möglicherweise Ihr Arbeitsplatz selber den richtigen Ansatzpunkt für anstehende Veränderungen dar. In diesem Fall sollten Sie versuchen herauszufinden, wie groß Ihre Unzufriedenheit mit Ihrer Arbeit ist und wie stark Ihre innere Bindung an Ihren Arbeitsplatz. Wenn die Unzufriedenheit mit Ihrer Arbeit über einen längeren Zeitraum sehr groß ist und Ihr Commitment für die Aufgaben abnimmt, sollten Sie tatsächlich auch einen beruflichen Wechsel als Maßnahme zur Stressbewältigung ins Auge fassen.

Checkliste: Sind Sie reif für einen Jobwechsel?

- Hat sich Ihr Arbeitsumfeld längerfristig negativ verändert?
- Haben Sie wirklich ständig das Gefühl, über- oder unterfordert zu werden?
- Haben Sie ein chronisch ungutes Gefühl im Zusammenhang mit Ihrer Arbeit?
- Was würde Ihnen wirklich fehlen, wenn Sie gingen?
- Wird es Ihnen nach einem Jobwechsel bessergehen oder werden die gleichen Zustände herrschen wie bei Ihrer jetzigen Arbeit?

Übung: Stellen Sie Ihre Berufschronik auf

- Listen Sie alle Jobs und Tätigkeiten aus Ihrer Vergangenheit chronologisch auf und formulieren Sie anschließend die Vor- und Nachteile Ihrer jeweiligen Tätigkeiten. Abschließend stellen Sie sich die Frage: Aus welchen Gründen habe ich in der Vergangenheit die Arbeitsstellen gewechselt?
- Beschäftigen Sie sich mit den Gründen, weshalb Sie in Ihrem jetzigen Job sind und welche Motive Sie zur Entscheidung für diese Tätigkeit bewogen haben. Sind Sie mit Ihrer derzeitigen Arbeitsstelle zufrieden und möchten Sie auch zukünftig dort tätig sein?

Trainingseinheit: Arbeit stressfrei organisieren

Zum Abschluss dieses Kapitels haben wir für Sie eine Trainingseinheit vorbereitet, die die wesentlichen Inhalte des Kapitels zusammenfasst. Dies wird Ihnen helfen, Ihre eigenen Lösungsideen zur stressfreien Organisation Ihres Arbeitsalltags zu entwickeln.

Trainingseinheit 2: Wie ich meine Arbeit stressfrei organisieren kann

1. Meine aktuelle Situation

Ich habe die stressauslösenden Faktoren an meinem Arbeitsplatz identifiziert (Ihr Ergebnis aus der Checkliste "Woher kommt der Stress an meinem Arbeitsplatz?"):

_____

_____

Ich habe in diesem Zeitraum ein Zeitprotokoll geführt

von Kalenderwoche _____ bis Kalenderwoche _____ .

Meine Erkenntnisse aus der Auswertung des Zeitprotokolls:

_____

_____

Die größte Überraschung dabei war:

_____

_____

Für die kommende Woche erstelle ich mir einen Wochenplan mit Pausen:

Montag	Dienstag	Mittwoch	Donnerstag	Freitag	Samstag	Sonntag

2. Meine Arbeitsplatzorganisation

Diese Rahmenbedingungen werde ich an meinem Arbeitsplatz verändern:

_____

_____

Diese Dinge möchte ich an meiner Schreibtischorganisation verändern:

_____

_____

3. Meine Prioritäten

Ich habe die Priorisierungsübung durchgeführt. Meine wichtigsten Erkenntnisse sind:

_____

_____

4. Meine Leistungskurve

So sieht meine persönliche Leistungskurve aus und so kann ich ihr meine täglichen Aufgaben meinem Biorhythmus entsprechend zuordnen:

Leistung

100 %

50 %

6   8   10   12   14   16   18   20   22   24   Uhrzeit

5. Meine Arbeitsplanung

Für diese wiederkehrenden Themen und Tätigkeiten werde ich mir eine Checkliste anlegen:

_____

_____

6. Mein Zeitmanagement

Meine drei größten Zeitfresser sind:

1. _____

2. _____

3. _____

Ich habe mir überlegt, wofür ich gerne mehr Zeit haben möchte:

1. _____
2. _____
3. _____

Aus diesen Gründen möchte ich das nächste Meeting einberufen:

1. _____
2. _____
3. _____

Diese Ziele verfolge ich mit dem Meeting:

1. _____
2. _____
3. _____

Bei diesen Aufgaben/Tätigkeiten neige ich dazu, sie immer wieder aufzuschieben:

1. _____
2. _____
3. _____

Dies nehme ich mir für die Zukunft vor, um diese „Aufschieberitis" zu vermeiden:

_____
_____

7. Fazit

Dies sind die wesentlichen drei Dinge, die ich in Zukunft ändern will, um meine Arbeit stressfreier zu organisieren:

1. _____
2. _____
3. _____

3 Wie Sie stressfrei denken

3.1 Stress entsteht im Kopf

Am Anfang dieses Buches haben Sie bereits erfahren, dass Stress eine subjektive Empfindung ist und dass es für die Entstehung der Stressreaktion eine wichtige Rolle spielt, wie wir eine Situation wahrnehmen und welche Gefühle wir dabei entwickeln. Tatsächlich können Sie durch Ihr Denken Ihr Stresserleben positiv beeinflussen. Kognitive Strategien zur Stressbewältigung helfen Ihnen daher, mit den Anforderungen des täglichen Lebens zurechtzukommen.

In diesem Kapitel erfahren Sie, welche Denkmuster stressverstärkend wirken und wie Sie diese Muster durchbrechen können. „Kognitionen" nennt man die Gesamtheit der mental ablaufenden Prozesse, wie Gedanken, Einstellungen, Vorstellungen und Wünsche. Kognitive Stressbewältigungsstrategien sind Techniken, die es Ihnen ermöglichen, gezielten Einfluss auf Ihre Kognitionen zu nehmen.

Stress ist immer subjektiv

Das, was Sie als Stress empfinden, löst nicht zwangsläufig auch bei anderen Menschen in gleichem Maße Stress aus. Umgekehrt wird es Situationen geben, die andere als stressig erleben, die Sie selbst aber völlig gelassen meistern. Das liegt daran, dass jeder Mensch Umweltreize unterschiedlich bewertet. Die Wahrnehmung und das Denken sind Prozesse, die bei jedem Individuum in einmaliger Art und Weise ablaufen. Als wie belastend wir eine Situation empfinden, resultiert aus unserer Lerngeschichte, denn jedes (Stress-)Erlebnis hinterlässt Spuren in unserem Gehirn.

Beispiel: Rennfahrer

Ein erfahrener Rennfahrer wird vermutlich bei einer Fahrt über den Nürburgring ziemlich ruhig bleiben und wenig Stress empfinden, wohingegen ein Fahranfänger in große Aufregung geraten würde, wenn er die Strecke bezwingen sollte.

Warum Gedanken Stress auslösen können: So funktionieren unsere Stressverstärker

Dieses Kapitel zeigt Ihnen Wege auf, Ihre bisherigen stressbezogenen Denkmuster zu hinterfragen und Alternativen zu Ihren persönlichen Stressverstärkern zu entwickeln. Sie erinnern sich: Die Stressverstärker entstehen durch unsere individuelle Wahrnehmung und Bewertung der Stressoren. Unsere Gedanken können das Stresserleben negativ beeinflussen, indem sie unseren Stress unnötig verstärken.

Wenn wir in bestimmten Situationen Stress empfinden, kann das im Wesentlichen zwei Gründe haben:

- Wir interpretieren die Situation als stressauslösend (eventuell auch fälschlicherweise).
- Wir schätzen unsere eigenen Ressourcen zur Stressbewältigung als zu gering ein. Das wirkt stressverstärkend. In diesem Zusammenhang spielt es eine Rolle, was für ein Bild wir von uns selbst haben und welche Ansprüche wir an uns selbst stellen. Wer stressverstärkende Einstellungen hat, glaubt beispielsweise, immer alles perfekt erledigen zu müssen. Er setzt sich schneller unter Druck als jemand, der mit gesundem Realismus und angemessener Zuversicht ans Werk geht. Auch Erfahrungen spielen eine Rolle. Wer häufig Misserfolge erlebt hat, traut sich möglicherweise deswegen weniger zu und gerät dadurch schneller unter Stress. Bereits in Kapitel 1.2 haben Sie erfahren, wie wichtig es ist, sich Herausforderungen zu stellen und sich nicht zu wenig zuzutrauen: Wenn Sie es schaffen, Veränderungen und Schwierigkeiten nicht als Bedrohung, sondern als Herausforderung zu sehen, haben Sie viel gewonnen. Es gilt, Ihre eigenen Gedanken im Umgang mit Stress so zu steuern, dass Ihre Bewertung der Situation und Ihrer eigenen Ressourcen hinreichend realistisch ist und motivierend wirkt.

Kienbaum Expertentipp: Sagen Sie: „Stopp!"

Wenn Sie merken, dass Sie angstauslösende bzw. stressverschärfende Gedanken entwickeln, verwenden Sie die „Stopp-Technik". Sagen Sie innerlich zu sich: „Stopp!", und verbannen Sie die negativen Gedanken aus Ihrem Kopf. Legen Sie sich hierfür bereits im Vorfeld positive Formulierungen zurecht, die Sie an die Stelle der negativen Gedanken setzen können. Wichtig: Denken Sie positiv! Sagen Sie sich z. B.: „Ich schaffe das!", oder: „Ich konzentriere mich jetzt auf das Wesentliche!"

Die Bewertung der Situation

Die Bewertung einer Situation kann grundsätzlich drei verschiedenen Mustern folgen:

- Irrelevant
- Positiv
- Stressbezogen

Wenn Sie eine neue Aufgabe erhalten und diese als *irrelevant* erachten, könnten Sie denken: „Alles Routine! Das mach' ich mit links." Entsprechend zuversichtlich sind Sie, die Aufgabe zu meistern. In diesem Zusammenhang spielt auch das Erfahrungswissen eine Rolle. „Das mache ich mit links!", denken Sie zum Beispiel vielleicht, wenn Sie zum wiederholten Male einen großen Kongress organisieren und daher bereits wissen, wie das geht und worauf Sie achten müssen.

Eine *positive* Bewertung könnte darauf hinauslaufen, dass Sie sich über die Aufgabe freuen, sie als reizvoll empfinden und sich der Herausforderung gerne stellen.

Ist Ihre Bewertung jedoch *stressbezogen*, dann löst die Aufgabenstellung Anspannung, eventuell sogar Angst in Ihnen aus. Ihre Beurteilung kann die Befürchtung von Schaden oder Verlust auslösen, Sie fühlen sich zu stark herausgefordert oder bedroht. Aus der stressbezogenen Schlussfolgerung könnten Gedanken wie: „Das bedeutet Überstunden", oder: „Freie Wochenenden kann ich jetzt erst mal streichen", resultieren. Möglicherweise klingen auch Versagensängste an, begleitet von Gedanken wie: „Wie soll ich das bloß schaffen?" Wie Sie lernen, positiv anstatt stressbezogen zu denken, erfahren Sie in den folgenden Abschnitten.

Bewertung Ihrer eigenen Ressourcen

Ganz gleich, ob Ihre erste Bewertung der Situation irrelevant, positiv oder stressbezogen ausfällt, sie wird immer von einer zweiten Bewertung begleitet. Diese bezieht sich auf die Einschätzung Ihrer eigenen Ressourcen, also Ihrer individuellen Stressbewältigungsfähigkeiten. Beide Prozesse spielen bei der Stressbewertung zusammen und bestimmen letztlich, ob eine konkrete Situation Stress bei Ihnen erzeugt.

Stressreaktionen werden insbesondere dann ausgelöst, wenn Ihre Bewertung der Situation stressbezogen ist, und Sie Ihre eigenen Fähigkeiten zur Bewältigung gleichzeitig als unzureichend einschätzen.

Wie Erfahrungen unser Denken beeinflussen

Bereits ein einziger negativer Gedanke kann eine Kaskade körperlicher Stressreaktionen hervorrufen. Beispielsweise belegen empirische Untersuchungen, dass jemand, der sich an eine peinliche Situation erinnert, eine ähnliche körperliche Stressreaktion zeigt, wie in der Situation selbst.

Denn beim Erlernen von Stressreaktionen lassen wir uns unbewusst „konditionieren". Unter Konditionierung versteht man die Koppelung verschiedener Reize miteinander. Eine Konditionierung vollzieht sich besonders schnell, wenn der neutrale und der stresserzeugende Reiz schnell aufeinander folgen.

Beispiele: Die Macht unserer (Stress-)Erfahrungen

- Bereits beim Klingeln des Telefons beginnt Peter K. zu zittern und nervöse Hitzeflecke zu bekommen: Denn das Klingeln des Telefons assoziiert er mit rüden Anweisungen des cholerischen Chefs. Das Klingeln als solches, das eigentlich nicht mit Stress in Verbindung steht, ist für Peter K. zum Stressauslöser geworden. (Man kann Anrufer an bestimmte Klingeltöne koppeln, so dass einzelne Anrufer ihre eigene „Erkennungsmelodie" erhalten.)
- Im Zweiten Weltkrieg kündete der Fliegeralarm den Bombenangriff an. Das Heulen von Sirenen versetzt die Zeitzeugen auch Jahrzehnte später noch in Schrecken, weil es negative Erinnerungen weckt.

Die Entstehung von Angsterkrankungen beruht ebenfalls oft auf Konditionierung. Die Angst vor der Dunkelheit kann zum Beispiel durch das Erlebnis eines nächtlichen Überfalls hervorgerufen werden: Die Koppelung der schlimmen Erfahrung (Überfall) an die Dunkelheit, die bei diesem Erlebnis herrschte, kann eine Assoziation beider Umstände auslösen. Dies führt dann dazu, dass die betroffene Person ab sofort Spaziergänge in den Abendstunden vermeidet. Die „positive" Erfahrung, dass seitdem keine weiteren Überfälle geschehen sind, bestärkt sie in diesem Verhalten. Langfristig besteht sogar die Gefahr, dass sie die Verhaltensweise „generalisiert" und auf weitere Situationen, zum Beispiel auf dunkle Räume, ausdehnt.

Stressresistenz entwickeln: So vermeiden Sie Hilflosigkeit

Aus unbewusster Konditionierung kann in ähnlicher Weise die sogenannte „erlernte Hilflosigkeit" resultieren: Man traut sich selbst nichts mehr zu und empfindet schon belanglose Kleinigkeiten als extremen Stress. Menschen, die einer misslichen, fremdbestimmten Lage nicht entrinnen können (beispielsweise Obdachlose, im Heim, im Gefangenenlager, im Krieg), werden depressiv und stumpfen ab. Wie schnell diese sogenannte „erlernte Hilflosigkeit" entsteht, wird durch die subjektive Gedankenwelt beeinflusst – wie es auch beim Stresserleben selbst der Fall ist.

Beispiel: Die Entstehung erlernter Hilflosigkeit

In den 1960er-Jahren führte der Psychologe Martin Seligmann Experimente mit Hunden durch. Er verabreichte den Tieren Elektroschocks. Einige der Tiere konnten die Stromstöße durch bestimmte Reaktionen (z. B. durch das Drehen eines Rades) abstellen, andere waren ihnen hilflos ausgeliefert. Die Tiere der ersten Gruppe lernten schnell, sich durch die richtige Reaktion vor den Elektrostößen in Sicherheit zu bringen. Hingegen wurden die Tiere, die den Stromstößen nichts entgegensetzten konnten, nach einiger Zeit lethargisch.

Die Zuschreibung von Ursachen zu Ereignissen bezeichnet man als „Attributionsstil". Aus den Stressverstärkern kann ein Teufelskreis entstehen, der letztlich in erlernter Hilflosigkeit mündet, wenn Misserfolge immer wieder internal attribuiert, also auf die eigene Person zurückgeführt werden.

Beispiel: Internale und externale Attribution

Stellen Sie sich vor, Sie halten einen Vortrag im Rahmen einer Angebotspräsentation. Sie sind unkonzentriert und Ihr Vortrag ist nicht gut. Einige Tage später stellt sich heraus, dass Ihr Team den Pitch nicht gewonnen hat. Sie können sich nun die Schuld daran selber zuschreiben („Hätte ich doch besser vorgetragen, dann hätten wir den Auftrag bestimmt bekommen!"), also internal attribuieren, oder andere Faktoren als ausschlaggebend betrachten. Im Fall einer externen Attribuierung könnten Sie zum Beispiel denken: „Wir hatten ja von vornherein kaum Chancen, weil unser Wettbewerber zu viel niedrigeren Preisen produzieren kann."

Viele Menschen, die zu erlernter Hilflosigkeit neigen und eher pessimistisch durchs Leben gehen, haben „gelernt", Erfolge als „gottgegeben" oder als Schicksal hinzunehmen; Sie glauben daran, keinen Einfluss auf ihren Erfolg zu haben (externale Attribution von Erfolg). Gleichzeitig tendieren diese Menschen dazu, Misserfolge sich selbst zuzuschreiben (internale Attribution von Misserfolg).

Personen im Zustand der erlernten Hilflosigkeit betrachten Probleme oft als:

- *internal* im Hinblick auf Misserfolge („selbstgemacht" bzw. durch die eigene Person verschuldet) und *external* im Hinblick auf Erfolge („ohne eigenes Zutun entstanden"/„Glücksfall")
- *generell*, d. h. sie haben die Tendenz, Probleme zu verallgemeinern und als allgegenwärtig zu erleben
- *permanent*, d. h. sie glauben nicht daran, ihre (missliche) Lage durch eigene Kraft verändern zu können.

Kienbaum Expertentipp: Machen Sie sich Mut

Wenn Sie eine Situation als unkontrollierbar erleben, fühlen Sie sich hilflos und schränken alle Bestrebungen ein, etwas zu verändern. Entsprechende stressverstärkende Gedanken können sein: „Das bringt doch alles nichts!", „Ich kann doch eh nichts daran ändern!"

Wichtig ist, dass Sie diese negativen Gedanken als solche erkennen und durch realistische bzw. positive, bekräftigende Aussagen ersetzen: „Ich kann es schaffen!", „Ich darf nicht aufgeben!", „Es kommen wieder bessere Tage!" etc.

Tendieren Sie vielleicht unbewusst dazu, Probleme als „hausgemacht" anzusehen und Ihre eigenen Erfolge nicht ausreichend zu würdigen?

Um stressverstärkende Ursachenzuschreibungen zu verhindern, muss man sich zunächst seiner eigenen Denkmuster bewusst werden. Dazu gehört, sich selbst in stressigen Situationen gezielt zu hinterfragen und die eigenen Gedanken kritisch zu reflektieren. Denn schnell schleichen sich bei der Bewertung von Situationen typische Denkfehler ein, wie:

* Unterschätzung der eigenen Ressourcen zur Stressbewältigung („Das schaffe ich nie!")
* Verabsolutieren, sogenanntes „Schwarz-Weiß-Denken" („Das hat beim letzten Mal nicht funktioniert – also kann es dieses Mal auch nichts werden.")
* Selektives Verallgemeinern, Einzelfaktoren nicht im Gesamtkontext sehen und daher überbewerten („Wenn der Kunde den Flüchtigkeitsfehler in der Präsentation entdeckt, ist alles vorbei.")
* Übergeneralisieren, vom Einzelfall auf das Allgemeine/auf andere Situationen schließen („Dieser Fehler hat uns schon immer Kunden gekostet. Das hätte uns nicht passieren dürfen.")

Übung: Analyse der Stresssituation

Um diese typischen Denkfehler zu vermeiden, sollten Sie die stressauslösende Situation genau analysieren. Dabei helfen Ihnen die untenstehenden Fragen:

* Wie wichtig ist es für mich, meinen Stress in dieser Situation zu verringern?
* Habe ich Einfluss auf das Eintreten und/oder auf den Verlauf der Situation?
* Habe ich falsche Erwartungen an andere?
* Sehe ich nur die negativen/bedrohlichen Seiten der Situation?
* Schätze ich meine eigenen Fähigkeiten zu pessimistisch ein?

Übrigens: Schon die Angst davor, gestresst oder aufgeregt zu wirken (roter Kopf, Zittern der Hände, rauer Hals etc.), kann weiteren unnötigen Stress erzeugen.

Kienbaum Expertentipp: Malen Sie nicht den Teufel an die Wand

Da Stress immer infolge mehrerer Bewertungsschritte entsteht, sind unsere Erwartungen ein Schlüssel dazu, Situationen als positive Herausforderungen und weniger als Stresserzeuger zu sehen. Wenn Sie sich beispielsweise vor einem Vortrag, den Sie halten sollen, ausmalen, was alles schiefgehen kann, dann steigert das Ihren Stress. Wenn Sie sich jedoch den erzielbaren Erfolg vor Augen führen und sich ausmalen, wie gut Sie sich nach dem erfolgreichen Halten des Vortrags fühlen werden, stärken Sie Ihr Selbstbewusstsein und werden auch den Vortrag besser halten.

Gedanken können in diesem Zusammenhang wie der Schwall einer „Dusche" wirken, deren Tropfen von oben auf uns einprasseln und unser Fühlen und Handeln beeinflussen. Psychologen unterscheiden dabei die „Problemdusche" von der „Lösungsdusche". Mit Gedanken der „Lösungsdusche" können Sie sich in stressigen Situationen zur Ruhe bringen und zuversichtlich stimmen.

Kienbaum Kompetenztest: Die Lösungsdusche

Ihre Situation: Viele Arbeiten stehen an. Nun ruft auch noch Ihr Chef an: „Bis morgen müssen Sie unbedingt noch eine zusätzliche Aufgabe fertigstellen!"

Überlegen Sie sich für diese Situation, was Ihnen durch den Kopf gehen könnte, im Sinne der „Problemdusche" und im Sinne der „Lösungsdusche". Unten finden Sie einige Beispiele, welche Gedanken das sein könnten.

Problemdusche
- Mit mir kann man's ja machen.
- Das pack ich nie.
- Selbst schuld.
- Die wollen's mir zeigen.
- Ich werde gemobbt.

Lösungsdusche
- Das habe ich schon öfter gepackt.
- Ich beziehe die Kollegen mit ein.
- Ich mach's, so gut ich kann.
- Morgen sieht's wieder anders aus.
- Auch ich schaff mal was nicht, und das ist nichts Schlimmes.

Auch überzogene Erwartungen an die eigene Person, die als Stressverstärker wirken, tragen dazu bei, sich selbst das Leben schwer zu machen. Wie es Ihnen gelingt, diese Mechanismen durch Gedanken zu ersetzen, die Sie gegen Stress stark machen, lesen Sie in den nächsten Abschnitten.

Stärken Sie Ihre Selbstwirksamkeit

Gerade auch unsere Erfolgserlebnisse machen uns stressresistent. Und diese erleben wir mit hoher Wahrscheinlichkeit dann, wenn wir uns Herausforderungen stellen und uns etwas zutrauen, aber nicht selbst überfordern. Den Glauben an unsere eigenen Fähigkeiten und Fertigkeiten daran, Herausforderungen meistern zu können, bezeichnet man als „Selbstwirksamkeitserwartung". Menschen mit einer angemessenen Selbstwirksamkeitserwartung sind stressresistenter als Menschen, die sich zu wenig zutrauen.

Strategien zur Stärkung der Selbstwirksamkeit

Es gibt vier grundlegende Strategien, mit denen Sie Ihre Selbstwirksamkeitserwartung stärken können.

1. Meistern schwieriger Situationen: Denken Sie an Herausforderungen, die Sie in der Vergangenheit schon erfolgreich bewältigt haben.
2. Beobachten anderer Personen: Achten Sie darauf, wie Menschen, die Ihnen ähnlich sind, erfolgreich mit herausfordernden Situationen umgehen. Das kann Sie zuversichtlich stimmen, Gleichartiges zu schaffen.
3. Soziale Unterstützung: Besprechen Sie Ihre Aufgabe mit wohlgesinnten Kollegen. Holen Sie sich Anregungen und positives Feedback.
4. Körperliche Stressreaktionen richtig deuten: Wenn Sie bei sich körperliche Stressreaktionen wie etwa Händezittern, Erröten oder „Frosch im Hals"-Gefühl wahrnehmen, mag Sie das zunächst verunsichern. Verdeutlichen Sie sich in diesem Fall, dass es sich um „normale" körperliche Reaktionen handelt.

Um Ihre Selbstwirksamkeit zu stärken, sollten Sie sich gezielt Erfolgserlebnisse verschaffen, indem Sie sich herausfordernde, gleichzeitig aber realistische Ziele setzen.

Kienbaum Expertentipp: Setzen Sie Ihre Ziele richtig

Wie gut unsere Leistungen sind, ist entscheidend davon abhängig, wie effizient wir unsere Ziele setzen. Normalerweise erzielen Menschen bessere Leistungen bei relativ schwer zu erreichenden (allerdings nicht überfordernden) und gleichzeitig konkret formulierten Zielen: Ihre Aufgaben sollten also eine Herausforderung darstellen, nicht zu Unterforderung und Langeweile führen und klar umrissen sein.

Wenn Sie sich zum Beispiel beruflich weiterbilden möchten, sollten Sie sich Kurse und Seminare aussuchen, die ein gewisses Maß an Anstrengung erfordern. Zudem sollten Sie Ihr Ziel möglichst präzise formulieren. Wenn Sie sich konkrete Ziele setzen, etwa ein bestimmtes Computerprogramm in drei Monaten zu beherrschen, haben Sie bessere Chancen auf Erfolg, als wenn Sie nur formulieren, dass Sie gerne „Karriere machen" möchten.

Führen Sie sich Ihre Erfolge vor Augen

Erwiesenermaßen erinnern wir uns an Kritik etwa siebenmal besser als an Lob. Ein kritisches Wort gefährdet Ihre Selbstwirksamkeitserwartung also weitaus mehr, als mehrfaches Lob sie fördert. Es schadet also nicht, sich seine eigenen Erfolge immer wieder mal bewusst zu machen und sich mitunter auch selbst dafür zu belohnen (z. B. mit einem guten Essen oder einer besonderen Anschaffung).

Kienbaum Expertentipp: Führen Sie innere Selbstgespräche

Verdeutlichen Sie sich Ihre bisherigen Erfolge beispielsweise in Form innerer Selbstgespräche. Viele Menschen „sprechen" mit sich selbst. Bei gesunden Personen überwiegen dabei die positiven „Gesprächsinhalte", bei psychisch kranken Menschen hingegen die negativen.

In Form von Selbstgesprächen kann man sich selbst bestärken und Mut zusprechen. Zum Beispiel sprechen viele Sportler vor Matchs laut mit sich selbst, um sich anzufeuern – das ist durchaus legitim und zweckmäßig!

Gutes Stressmanagement beinhaltet, an sich selbst zu glauben und sich etwas zuzutrauen. Das bedeutet aber nicht, unrealistisch überhöhte Ansprüche zu stellen oder sich unerreichbare Ziele zu stecken. Das „Was wäre wenn"-Denken kann in diesem Zusammenhang hilfreich sein, aber auch in unkonstruktiven Szenarien enden. Denn mit diesem Denkmodell haben Sie die Möglichkeit, alle getroffenen Entscheidungen und auch alle erwarteten Situationen sehr genau zu analysieren. Wenn Sie dabei jedoch vorwiegend die möglichen Schwierigkeiten fokussieren und sich Ihre Befürchtungen ausmalen, wird Sie das lähmen und zu einer Stagnation Ihres Handelns führen.

Nicht im Misserfolg baden

Neben den grundlegenden Fehlern bei der Bewertung von Situationen sind es oft auch eingefahrene Denkmuster, die unser Stresserleben unnötig steigern. Beispielsweise denken sich viele Menschen Misserfolg im Sinne einer „sich selbst erfüllenden Prophezeiung" geradezu herbei. Auf Misserfolg ausgerichtete Gedanken können sein:

* Ich schaffe das nicht!
* Keiner kann mir helfen!
* Das wird mir alles zu viel!

Es gibt jedoch noch komplexere Denkmuster, die auf Misserfolg ausgerichtet sind. Wenn Sie die unten genannten oder ähnliche Denkmuster bei sich selbst entdecken, nutzen Sie die „Stopp"-Technik: Sagen Sie, sobald diese Gedanken aufkommen, zu sich selbst – entweder laut oder in Gedanken –: „Stopp!"

Stressverstärkende Denkmuster
Verharren im Misserfolg
„Das gibt es doch nicht!" – Wer so denkt, zeigt wortwörtlich, dass er das Erlebte nicht wahrhaben will. Das kann z. B. der Fall sein, wenn ein vermeintlich sicherer Deal doch in letzter Sekunde platzt oder der Wettbewerber den Pitch trotz bester Vorbereitung der eigenen Mannschaft und guter Performance gewinnt. Derartiges Denken verstärkt die Stressreaktion. Besser wäre es, sich möglichst schnell mit der Lage zu arrangieren und konstruktive weitere Schritte abzuleiten.
Das ist allerdings nicht immer möglich: Bei schwerwiegenden Erlebnissen, wie Tod oder Krankheit einer nahe stehenden Personen, dient das Leugnen der Situation dem Selbstschutz.

Verallgemeinern negativer Erlebnisse
„Aus einer Mücke einen Elefanten machen": Den negativen Aspekten eines Ereignisses wird eine übergroße Bedeutung beigemessen – dadurch verliert der Betroffene den richtigen Maßstab.
Personalisieren negativer Erlebnisse
„Personalisieren" bedeutet in diesem Zusammenhang, Ereignisse oder Verhaltensweisen anderer auf die eigene Person zu beziehen. Beispiel: „Der wortkarge Gruß eines Kollegen resultiert daraus, dass er mich nicht leiden kann."
(Voreiliges) Antizipieren negativer Konsequenzen
„Et hät noch immer god gegange" heißt es im Rheinland. Manche Menschen malen sich jedoch gerne das Gegenteil aus und denken eben nicht, dass „doch immer alles gut gehen wird". Wenn sich diese Menschen mit herausfordernden Situationen auseinandersetzen, vor einer schwierigen Entscheidung oder Prüfung stehen, dann nehmen sie häufig negative oder sogar die schlimmsten Konsequenzen als wahrscheinlich an. Diese Anspannung im Vorfeld macht sie nervös und unsicher und mindert damit oftmals die mögliche Leistung.

Stressverstärker erkennen

Unsere Einstellungen und Erwartungen an uns können realistisch oder überhöht sein. Erwarten wir zu viel von uns und setzen wir uns selbst ständig unter Druck, dann macht uns das stressanfälliger.
„Höher, schneller, weiter" – viele Menschen wollen im Job mehr leisten als ihre Kollegen, mehr kulturelle Veranstaltungen besuchen als ihre Bekannten und ihr Körper soll ein ästhetisches Spitzenprodukt darstellen. „Beeil Dich!" oder „Sei perfekt!" sind Anforderungen, die wir an uns selbst richten. Das durch diese „Stressverstärker" entstehende „Muss"-Denken kann zu überhöhten und damit Stress erzeugenden Anforderungen führen. Sagen Sie auch zu diesen Denkmustern: „Stopp!"
Unten erhalten Sie weitere Hinweise zum Umgang mit Ihren Stressverstärkern. Auch können Sie mit einem einfachen Test feststellen, welche Stressverstärker bei Ihnen besonders ausgeprägt sind.

Stressverstärker: „Beeil Dich!"

Menschen mit dem Stressverstärker „Beeil Dich!" fehlt die innere Erlaubnis, Dinge gelassen anzugehen. Bei allen Aufgaben, die sie erledigen, ob im Arbeitsalltag oder im Privatleben, ist Geschwindigkeit das Wichtigste. Dadurch verbreiten sie häufig Hektik um sich herum und erwarten von ihren Mitmenschen, das alles „zack, zack" geht. Häufig wird dieser Stressverstärker von Eltern übernommen, da sie ihr Kind immer zur Eile angetrieben haben. Der „Beeil Dich"-Mensch neigt dazu, sich zu verzetteln, sowie sich zeitlich und inhaltlich keine Schwerpunkte zu setzen. Sinnvoller ist es, auch unter Zeitdruck ruhig zu bleiben, denn wofür man mit Hektik zwei Stunden braucht, das erledigt man mit Ruhe zumeist in einer Stunde.

Stressverstärker: „Mach's den anderen recht!"

Menschen mit dem Stressverstärker „Mach's den anderen recht!" nehmen sich selbst nicht so wichtig wie andere Menschen. Ihnen ist es sehr wichtig, von den Personen in ihrer Umgebung anerkannt und gemocht zu werden. Sie glauben, dass sie dies nur erreichen, indem sie es jedem recht machen. Sie brauchen ein harmonisches Umfeld. Allerdings bekommen Menschen, die nicht „Nein" sagen können, nicht immer die Dankbarkeit, die ihnen zusteht. Auch bleibt ihre eigene Arbeit liegen, während sie anderen helfen. Wenn sie selbst Hilfe brauchen, werden sie mitunter im Stich gelassen – von Menschen, die „Nein" sagen können. Das belastet sie emotional und einige von ihnen entwickeln das Gefühl, ausgenutzt zu werden. Hinzu kommt der Stress durch die zusätzliche Arbeitsbelastung. Das Paradoxe bei Menschen, die es den anderen immer recht machen wollen, ist der Rollentausch, den sie kontinuierlich erleben: Sie starten als Retter und enden als Opfer. Menschen mit diesem Stressverstärker merken meist nach einiger Zeit, dass sie nicht in der Form respektiert werden, wie sie es sich wünschen. Respekt erhalten dagegen die anderen, die auch eigene Wünsche artikulieren und „Nein" sagen können. Die Betroffenen ziehen daraus meist den falschen Schluss und glauben, sich noch mehr anstrengen und die Wünsche in ihrer Umgebung vorausahnen zu müssen, um Respekt zu verdienen.

Stressverstärker: „Sei stark!"

Menschen mit dem Stressverstärker „Sei stark!" können es sich ihrer Meinung nach nicht erlauben, Schwäche zu zeigen. Sie neigen dazu, alles aushalten zu wollen. Das Eingeständnis von Schwäche gleicht für sie einer Niederlage und wird daher gar nicht in Erwägung gezogen. Menschen mit dem „Sei stark!"-Stressverstärker sind immer bereit, anderen zu helfen. Nur sie selbst benötigen ihrer Ansicht nach niemals Hilfe. Sie glauben, alles alleine bewältigen zu können. Über die Jahre haben sie enorme Fähigkeiten entwickelt, mit Überlastung umzugehen. Trotzdem besteht die Gefahr, dass es irgendwann zu einem plötzlichen Zusammenbruch durch die kontinuierliche Belastung kommt. Vorherige Warnsignale nehmen die Betroffenen oft nicht wahr – bis sie unvermittelt körperlich oder psychisch zusammenbrechen. Der „Sei stark!"-Mensch neigt dazu, sich in Aufgaben zu verbeißen. Er übersieht einfache Lösungsmöglichkeiten, die die Hilfe von Mitmenschen erfordern. Eher arbeitet er Tag und Nacht, als um Hilfe zu bitten und die Aufgaben damit schneller und eventuell auch besser zu lösen. Der Umgang mit diesem Stressverstärker ist sehr schwierig, weil gerade Hilfsangebote von Menschen mit dem „Sei stark"-Verstärker nicht angenommen werden können.

Stressverstärker: „Streng Dich an!"

Menschen mit dem Stressverstärker „Streng Dich an!" fehlt die innere Erlaubnis, Dinge leicht und entspannt anzugehen. Ergebnisse sind nur dann etwas wert, wenn sie mit viel Aufwand und Mühe erarbeitet wurden. Dies zeigt sich auch im Privatleben. Sport wird von diesen Menschen meist auf einem sehr hohen Leistungsniveau betrieben; ein Training empfinden sie nur dann als erfolgreich, wenn sie hinterher „auf dem Zahnfleisch gehen". Der verschobene Maßstab der Menschen mit dem „Streng Dich an"-Stressverstärker zeigt sich darin, dass sie ihre Erfolgserlebnisse weitgehend von der Qualität der Ergebnisse unabhängig machen: Sie fühlen sich nur dann erfolgreich, wenn sie sich besonders angestrengt haben. Misserfolg wiegt nicht so schwer, wenn die geleistete Arbeit sehr anstrengend war. Der Stressverstärker „Streng Dich an!" hat besonders gravierende Auswirkungen auf die gesundheitliche Verfassung eines Menschen. Auf der einen Seite bekommen Menschen mit diesem Stressverstärker durch ihre Höchstleistungen einen ungeheuren „Kick", auf der anderen Seite fühlen sie sich ausgepumpt und geistig erschöpft. Sie bewundern sich selbst und leiden gleichzeitig unter der geistigen und körperlichen Auszehrung. Für diese Menschen ist es besonders hilfreich, Techniken zur Entspannung zu erlernen.

Stressverstärker: „Sei perfekt!"

Menschen mit dem Stressverstärker „Sei perfekt!" erleben Misserfolg oder Versagen als extreme Bedrohung ihres Selbstwertgefühls. Das ist besonders problematisch, wenn der Drang nach Perfektion alle Lebensbereiche bestimmt. Die geleistete Arbeit ist zwar meist perfekt, allerdings mit einem immens erhöhten Energieaufwand erbracht worden. Der innere Stressverstärker, keine Fehler machen zu dürfen, führt dazu, dass die Betroffenen einen hohen Aufwand für die Erledigung der Aufgaben betreiben müssen. Der selbst auferlegte Perfektionsdruck und der erhöhte Zeitaufwand erzeugen Stress, der von den eigentlichen Inhalten ihrer Aufgabe ablenkt.

Stressverstärker: „Sei beliebt!"

Menschen mit dem Stressverstärker „Sei beliebt!" suchen vorrangig das Gefühl von Zugehörigkeit; sie wollen geliebt werden. Um Kritik und Ablehnung zu entgehen, versuchen diese Menschen, möglichst allen Meinungsverschiedenheiten aus dem Weg zu gehen: Sie wollen es allen recht machen. So vermeiden sie zwar Konflikte, halsen sich aber oft mehr Aufgaben auf, als sie gut und stressfrei umsetzen können. Menschen mit diesem Stressverstärker fürchten, von anderen schlecht bewertet zu werden und zeigen daher oft ein ängstliches Überengagement bei der Erfüllung ihrer Aufgaben. Auf längere Sicht kann das zu Überforderung und im schlimmsten Falle zum Burnout führen.

Stressverstärker: „Sei vorsichtig!"

Menschen mit dem Stressverstärker „Sei vorsichtig!" haben ein starkes Verlangen nach Sicherheit. Dementsprechend meiden sie riskante Situationen. Sie machen sich übermäßig viele Sorgen, und die Entscheidungsfindung kostet sie extrem viel Zeit und Kraft. Außerdem sind sie davon geprägt, alles selbst unter Kontrolle haben zu wollen. Dies zeigt sich vor allem in folgenden Bereichen:

- Geringe Toleranz, auch gegenüber den eigenen Fehlern
- Unfähigkeit zu delegieren
- Ungeduld, Reizbarkeit und Irritierbarkeit bei Störungen

Ein Grundstein des Perfektionismus mag ein fehlendes Vertrauen in die Mitmenschen und die allgemeine Ordnung der Welt sein, ein

Glauben, dass ohne das eigene Eingreifen das „totale Chaos" herrschen würde.

Kienbaum Kompetenztest: Ihre persönlichen Stressverstärker

Mithilfe des folgenden Kompetenztests können Sie feststellen, wo Ihre persönlichen Stressverstärker verortet sind. Kreuzen Sie bitte dazu bei den einzelnen Aussagen des Tests an, wie Sie sich selbst im Moment in Ihrer Berufswelt sehen. Die Aussage trifft auf mich zu:

(0) gar nicht   (1) manchmal   (2) oft

In der anschließenden Auswertung erfahren Sie, welche Typen von Stressverstärkern bei Ihnen persönlich wirksam sind.

Fragebogen

	0	1	2
1. Ich fühle mich oft stark unter Druck gesetzt.			
2. Es ist mir wichtig, dass alle mich mögen.			
3. Ich sage niemals offen, dass ich etwas nicht kann.			
4. Andere bezeichnen mich als kontinuierlich wenig entspannt.			
5. Ich habe Angst davor, zu versagen.			
6. Ablehnung durch andere hängt mir sehr lange nach.			
7. Sicherheit ist mir sehr wichtig.			
8. Es fällt mir schwer, „fünfe gerade sein zu lassen".			
9. Ohne die Annerkennung meiner Mitmenschen fühle ich mich wertlos.			
10. Ich bitte selten andere um Hilfe, auch wenn ich weiß, dass ich diese bräuchte.			
11 Arbeit ohne Mühe ist keine Arbeit und wenig wert.			
12. Wenn ich eine Aufgabe nicht geschafft habe, fühle ich mich schlecht.			
13. Ich fühle mich nur wohl, wenn ich weiß, dass andere mich mögen.			
14. Abenteuer oder riskante Aktivitäten meide ich.			
15. Deadlines einzuhalten, ist für mich sehr wichtig.			
16. Ich brauche ein harmonisches Umfeld, um mich wohlzufühlen.			
17. Ich erledige meine Aufgaben am liebsten alleine.			

18. Sport ist für mich hauptsächlich im Wettkampf interessant.			
19. Ich bin ein Perfektionist.			
20. Ich meide offene Konflikte.			
21. Ich versichere mich grundsätzlich mehrmals, ob ich an alles gedacht habe.			
22. Ich erwarte von anderen, dass sie ihre Sachen zügig erledigen.			
23. Es fällt mir schwer, „Nein" zu sagen oder anderen einen Gefallen abzuschlagen.			
24. Ich verbeiße mich gerne in Aufgaben.			
25. Ich setze mir sehr hohe Maßstäbe.			
26. Ich gebe bei jeder Aufgabe grundsätzlich 100 %.			
27. Ich stehe meist neutral zu den Dingen.			
28. Ich kann mich schwer entscheiden.			
29. Andere bezeichnen mich als hektisch.			
30. Ich fühle mich oft von anderen ausgenutzt.			
31. Überlastung würde ich nie zugeben.			
32. Ich fühle mich oft „ausgepumpt".			
33. Ich bin sehr detailorientiert.			
34. Kritik kann ich nur schwer vertragen.			
35. Ich kontrolliere lieber alles noch ein drittes Mal, bevor ich mich einer anderen Aufgabe zuwende.			

Auswertung: Addieren Sie nun die Punkte der einzelnen Fragen in folgenden Gruppen

Fragen: 1, 8, 15, 22, 29	→ Wert 1:	
Fragen: 2, 9, 16, 23, 30	→ Wert 2:	
Fragen: 3, 10, 17, 24, 31	→ Wert 3:	
Fragen: 4, 11, 18, 25, 32	→ Wert 4:	
Fragen: 5, 12, 19, 26, 33	→ Wert 5:	
Fragen: 6, 13, 20, 27, 34	→ Wert 6:	
Fragen: 7, 14, 21, 28, 35	→ Wert 7:	

Bedeutung	
0 – 3 Punkte	Der betroffene Stressverstärker beeinflusst Sie kaum.
3 – 6 Punkte	Der betroffene Stressverstärker beeinflusst Sie mäßig stark. Achten Sie darauf, dass er nicht mehr Einfluss erhält.
6 – 10 Punkte	Der betroffene Stressverstärker beeinflusst Sie in hohem Maße. Versuchen Sie, Ihre diesbezüglichen Handlungen zu reflektieren, um zusätzlichen Stress zu vermeiden.

Tragen Sie Ihre Werte in die entsprechenden Balken 1 – 7 der nachfolgenden Grafik ein.

Sie wissen nun, welche Stressverstärker bei Ihnen persönlich am stärksten wirken. Was Sie tun können, um mit Ihren Stressverstärkern positiv umzugehen und ihre Wirkung zu schwächen, zeigen wir Ihnen im Folgenden.

Der richtige Umgang mit den wichtigsten Stressverstärkern

Stressverstärker: „Beeil Dich!"

... bei der eigenen Aufgabenerfüllung

Ihre Stressverstärker werden vor allem dann aktiv, wenn Sie in eine Situation geraten, die Sie überfordert. Hinweise darauf sind Signale Ihres Körpers wie schneller, flacher Atem oder spürbare Anspannung in der Bauchgegend. Wenn Sie solche Signale an sich beobachten: Lehnen Sie sich zurück und atmen Sie ruhig durch. Schon diese Sofortmaßnahme kann Ihnen helfen, aufkommender Hektik vorzubeugen.

Innerer Dialog: Führen Sie einen inneren Dialog „gegen" den Stressverstärker. Sagen Sie sich beispielsweise: „Ganz langsam, eins nach dem anderen. Dann kriegst Du das auf die Reihe!"

... gegenüber betroffenen Mitarbeitern

Sensibilisieren Sie Ihren Mitarbeiter für die Probleme, die durch seine Hektik entstehen.

Gesprächsangebot: Bieten Sie Ihrem Mitarbeiter an, dass er sich bei Ihnen melden kann, wenn er wiederholt in Stress gerät. Das Gespräch können Sie nutzen, um den Mitarbeiter zu beruhigen und zu einer gelasseneren Sichtweise zu bringen.

Nonverbale Signale: Wenn Sie merken, dass Ihr Mitarbeiter in Hektik gerät, verwenden Sie ein vereinbartes Zeichen, um ihn – für andere unauffällig – darauf aufmerksam zu machen.

Bremsen: Stoppen Sie Ihren Mitarbeiter, wenn er in eine hektische Phase gerät.

Fingerspitzengefühl: Bremsen Sie Ihren Mitarbeiter in seinen enormen Ansprüchen an sich selbst. Achten Sie dabei jedoch darauf, ihn nicht zu entmutigen.

Teamarbeit: Integrieren Sie Ihren Mitarbeiter in Projektgruppen und weisen Sie ausdrücklich auf die Zusammenarbeit in dem Team hin. Verdeutlichen Sie, dass auch die anderen im Team Aufgaben übernehmen und dass für Ihren Mitarbeiter kein Grund zu „Panik" besteht – er muss nicht alles alleine schaffen.

... gegenüber Ihrem Vorgesetzen

Klare Abgrenzung: Weisen Sie Ihren Chef klar auf Ihre Arbeitsbelastung und Ihre Möglichkeiten hin. Lassen Sie sich nicht auf Diskussionen ein.

Deadlines: Setzen Sie eindeutige Termine, zu denen Sie Ihre Aufgaben erfüllen können.

Keine Erklärungen: Versuchen Sie nicht, Ihrem Chef Ihre Position verständlich zu machen. Er wird sie nicht verstehen, da er angetrieben ist.

Selbst Hilfe holen: Wenn Ihr Chef zum wiederholten Male der Ansicht ist: „Ach was, das schaffen wir auch selbst!", obwohl objektiv weitere Unterstützung vonnöten ist, dann versuchen Sie nicht, ihm das auszureden. Werden Sie selbst initiativ und holen Sie Hilfe für Ihr Team.

Stressverstärker: „Mach's den anderen recht!"

... bei der eigenen Aufgabenerfüllung

Übertreibung macht Ihr Problem anschaulich: Machen Sie es ein Wochenende lang jedem anderen recht! Sie werden merken, dass dies zu einem heillosen Chaos führt, weil der eine will, was der andere gerade nicht möchte. Ihr Stressverstärker führt also zu nichts – schon gar nicht bringt er Ihnen den erhofften Respekt der anderen. Durch diese übertriebene Maßnahme können Sie sich klar machen, wie unsinnig, stresserzeugend und nutzlos Ihr Stressverstärker ist.

Lernen Sie, „Nein" zu sagen: Natürlich nicht bei der nächsten berechtigten Forderung Ihres Chefs, sondern bei kleinen Gelegenheiten, zum Beispiel, wenn Ihr Verein das nächste Mal Freiwillige sucht.

Eigene Wünsche äußern: Benennen Sie Ihre eigenen Wünsche. Beginnen Sie ruhig bei Kleinigkeiten. Machen Sie sich bewusst, dass „Ich will ..." zu sagen, nicht per se unverschämt ist. Jeder Mensch hat Wünsche und darf diese äußern. Holen Sie sich Feedback, nachdem Sie einen Wunsch geäußert haben: „Sag mal, war das eben eine überzogene Bitte?" Sie werden überrascht über die Reaktion Ihres Gegenübers sein.

... gegenüber betroffenen Mitarbeitern

Humor: Witze, Humor und Lachen sind Elemente, die nur schwer mit Anpassung zu vereinbaren sind. Daher können Sie sie gut nutzen, um einen Mitarbeiter aus seiner angepassten Haltung herauszuholen. Arbeiten Sie mit Humor und bringen Sie sich und Ihre Mitarbeiter zum Lachen, dann haben alle mehr Spaß an der Arbeit.

Eigenständigkeit: Fördern Sie die Selbstständigkeit Ihres Mitarbeiters. Fordern Sie ihn beispielsweise auf, Vorschläge zu machen, was er selbst ändern kann, anstatt ihm auch in diesem Fall die Entscheidung aus der Hand zu nehmen und dadurch seine Anpassung weiter zu fördern.

Vertrauen: Zeigen Sie Ihrem Mitarbeiter, dass Sie ihm Dinge ganz selbstverständlich zutrauen. Dadurch fördern Sie sein Selbstvertrauen und damit auch sein Durchsetzungsvermögen.

Konfrontatives Feedback: Konfrontieren Sie Ihren Mitarbeiter damit, dass er wesentliche Teile seiner Aufgabe nicht erfüllt, wenn er sich nicht abgrenzt bzw. durchsetzt.

... gegenüber Ihrem Vorgesetzen

Eigene Härte: Ein Chef mit dem „Mach's den anderen recht"-Stressverstärker ist nicht in der Lage, gegenüber anderen die eigenen oder die Interessen seiner Mitarbeiter durchzusetzen. Üben Sie in berechtigten Fällen genügend Druck auf ihn aus (zum Beispiel: „Ich brauche einen neuen Computer, sonst kann ich meine Arbeit nicht ordentlich erledigen!"). Durch seinen Stressverstärker wird er sich bemühen, es Ihnen recht zu machen, sofern es in seinem Spielraum liegt.

Selbstinitiative: Nehmen Sie Ihr Geschick in sehr wichtigen Fällen gegebenenfalls selbst in die Hand und sprechen Sie mit dem nächsthöheren Vorgesetzten.

Stressverstärker: „Sei stark!"

... bei der eigenen Aufgabenerfüllung

Umfeld: Hören Sie auf die Menschen in Ihrem Umfeld. Oft geben sie Ihnen während eines „Stressverstärkeranfalls" die richtige Rückmeldung, zum Beispiel „Warum fragst Du nicht unseren Kollegen XY? Der kennt sich damit aus!"

Eigenwahrnehmung: Schärfen Sie Ihre Eigenwahrnehmung. Tatsächlich neigen Menschen mit dem „Sei stark!"-Stressverstärker dazu, eigene Schmerzen kaum wahrzunehmen. Sie spüren mitunter sogar dann nur eine leichte Spannung, wenn andere vor Schmerzen nicht mehr klar denken können.

Entspannung: Unterstützen Sie Ihre bessere Eigenwahrnehmung durch Techniken, wie progressive Muskelrelaxation, autogenes Training oder andere Entspannungstechniken (mehr dazu finden Sie in Kapitel 5.1).

Selbstbild: Überprüfen Sie Ihr Selbstbild mit selbstkritischen Fragen wie:

- Was assoziiere ich mit „Hilfe holen"?
- Warum akzeptiere ich bei anderen, dass sie sich Hilfe holen und bei mir nicht?
- Warum verlange ich mehr von mir selbst als von anderen?

Gefühle: Lassen Sie Gefühle bei sich und bei anderen zu. Nehmen Sie sie wahr und sprechen Sie darüber. Entwickeln und zeigen Sie Verständnis für die Gefühlswelt Ihrer Mitmenschen.

Stressverstärker: „Streng Dich an!"

... bei der eigenen Aufgabenerfüllung

Gelassenheit: Gehen Sie alle Dinge, die Sie tun wollen, gelassen an.

Erfolgsdefinition: Überprüfen Sie Ihre Definition von Erfolg. Was macht für Sie etwas zu einem Erfolg? Ist es die Anstrengung oder das Ergebnis? Kommt es auf die Arbeit an, die Sie hineinstecken oder auf das Ergebnis?

Paradoxie: Strengen Sie sich mit vollem Einsatz an, es sich leicht zu machen. Planen Sie zum Beispiel den Tagesablauf konsequent mit Erholungspausen und Puffern und halten Sie sich unter vollem Einsatz daran!

Entspannungstechniken: Erlernen Sie Entspannungstechniken wie autogenes Training oder Yoga und wenden Sie sie regelmäßig an.

Motto: Wählen Sie ein Motto, dass Sie sich vor Augen halten, wenn Sie merken, dass Ihr Stressverstärker wieder aktiv wird. (Zum Beispiel: „Das Ergebnis zählt, nicht die Anstrengung!")

Hinterfragen: Wenn Sie sich mal wieder darüber freuen, wie sehr Sie sich angestrengt haben, fragen Sie sich: War der Aufwand überhaupt nötig? Und wie packe ich dementsprechend die nächste Aufgabe an?

... gegenüber betroffenen Mitarbeitern

Erarbeitung von Vorgehensweisen: Bieten Sie an, mit Ihrem Mitarbeiter gemeinsam einfache und effektive Vorgehensweisen zu entwickeln. Fragen Sie bei einzelnen Arbeitsschritten nach, welchen Nutzen Ihr Mitarbeiter damit verbindet – vielleicht lassen sich einige Prozesse schlanker gestalten.

Klare Aufgabenstellung: Formulieren Sie jede Aufgabe eindeutig und mit wenig Spielraum für Interpretation.

Bremsen: Stoppen Sie Ihren Mitarbeiter, wenn er ins Schwärmen gerät, wie viel Anstrengung ihn eine Aufgabe gekostet hat.

Ergebnisorientierung: Machen Sie klar, dass der Aufwand bei der Erfüllung einer Aufgabe nicht immer ausschlaggebend ist. Was zählt, ist das Resultat. Loben Sie daher die Ergebnisse der Arbeit des Mitarbeiters, nicht seine Anstrengung und den Weg dorthin!

Nutzen hinterfragen: Überprüfen Sie den Nutzen der Arbeit Ihres Mitarbeiters, zum Beispiel im Kundenkontakt: Warum hat er etwas Bestimmtes getan? War dieser Aufwand notwendig?

... gegenüber Ihrem Vorgesetzten

Hilfsangebote: Bitten Sie Ihren Vorgesetzten bei kleinen Problemen (zum Beispiel am Computer) nicht um Hilfe: Seine Erklärungs- und Lösungsversuche werden das Problem vermutlich weiter verkomplizieren.

Anpassungsstrategie: Passen Sie sich Ihrem Chef und seinen Arbeitszeiten an, wenn er es fordert.

Übung: Stressverstärker

Für diese Übung brauchen Sie einen Partner, mit dem Sie sich über Ihr Stresserleben vertraulich austauschen können und wollen:

- Berichten Sie nacheinander von Ihrem/n vorherrschenden Stressverstärker/n.

- Formulieren Sie gemeinsam eine „Rote Karte", mit der Ihr Partner Ihnen ab sofort zeigen soll, wenn er diesen Stressverstärker bei Ihnen bemerkt (z. B. „Ich habe wieder ...").

- Formulieren Sie anschließend eine „Grüne Karte" mit einer konkreten Erlaubnis, die Ihr Partner Ihnen im Bedarfsfall zeigen soll (z. B. „Ich darf ...").

3.2 Strategien gegen Lampenfieber

Mark Twain spottete einmal über das Lampenfieber: „Das menschliche Gehirn ist eine großartige Sache. Es funktioniert vom Moment der Geburt an – bis zum Zeitpunkt, wo du aufstehst, um eine Rede zu halten."

Schätzungen zufolge haben bis zu 85 Prozent aller Menschen Angst, vor Publikum zu sprechen. Schauspieler, Moderatoren und Politiker – sie alle kennen Lampenfieber. Die Angst, sich zu blamieren oder den Erwartungen des Auditoriums nicht gerecht zu werden, überfällt die Menschen in den verschiedensten Situationen: Im Bewerbungsgespräch, in der Prüfung, beim Empfang, aber auch im kleinen Rahmen, wenn etwa auf einer Familienfeier eine kurze Ansprache erwartet wird.

Aus psychologischer Sicht steht Lampenfieber in engem Zusammenhang mit sozialer Phobie, also der Angst vor sozialen Kontakten in Verbindung mit extremer Schüchternheit und Sorge, von anderen Menschen negativ bewertet zu werden. Denn nicht das Reden vor anderen per se, sondern die Angst, einen Fehler zu machen, kritisiert oder bloßgestellt zu werden, löst das Lampenfieber aus.

Lampenfieber: Was passiert im Körper?

Lampenfieber ist eine natürliche Reaktion des Körpers auf eine stressauslösende soziale Situation. Kurz vor Beginn einer Rede oder Vorstellung steigt die Pulsfrequenz vom Ruhepuls mit etwa 70 Schlägen auf 100 bis 140 Schläge pro Minute. Der Vortragende spürt die aufkeimende physiologische Erregung in Form von Nervosität. In der Regel steigt der Puls in den ersten Minuten nach Beginn der Rede bzw. des Vortrags weiter an. Die Pulsfrequenz schnellt dann in die Höhe, auf bis zu 190 Schläge pro Minute. Auf diese zweite Erhöhung sind viele nicht vorbereitet: So kann schnell der subjektive Eindruck entstehen, der Situation nicht gewachsen zu sein. Die Betroffenen werden rot, fühlen sich hilflos, klein und unfähig. Oft bildet sich ein Kloß im Hals, der jedes Wort im Keim erstickt.

Beispiele für angstauslösende Gedanken:

- Alle werden sehen, wie nervös ich bin.
- Ich bekomme gleich bestimmt kein Wort heraus!
- Ich habe bestimmt wieder Pech und irgendetwas geht schief.
- Hoffentlich versagt die Technik nicht!
- Ich hätte mich besser vorbereiten sollen.
- Ich bin den Zuhörern auf Gedeih und Verderb ausgeliefert.
- Wenn ich das nicht perfekt schaffe, wird man über mich lachen.
- Das Vortragskonzept ist nicht ausgefeilt, ich werde die anderen langweilen.

Dabei kann Lampenfieber bis zu einem bestimmten Grad sogar leistungsförderlich sein.

Bereiten Sie sich auf Ihren Vortrag vor

Ob bei Menschen, die etwas vortragen sollen, übermäßiges Lampenfieber auftritt, hängt von verschiedenen Faktoren ab. Eine wichtige Rolle spielen frühere Erfahrungen. Personen, die bereits mehrfach nach einer öffentlichen Rede Lob und Anerkennung geerntet haben, besitzen oft größeres Selbstvertrauen. Während Erfolge das Stresserleben in gemäßigte Bahnen lenken, führen Erfahrungen von Misserfolg zu einer Erhöhung der inneren Anspannung vor Stresssituationen.

Um Misserfolge zu vermeiden, sollten Sie sich immer wieder vergegenwärtigen, dass es sich bei Ihren Symptomen um eine natürliche Stressreaktion handelt.

> **Kienbaum Expertentipp: Verbannen Sie die Angst vor dem Stress**
>
> Selbst geübte Redner können ihr Lampenfieber nie ganz ausschalten. Psychologische Therapien setzen daher nicht auf die Auslöschung des Lampenfiebers, sondern auf einen adäquaten Umgang mit ihm. Machen Sie sich zunächst bewusst, dass die im Körper ablaufende Stressreaktion etwas ganz Natürliches ist, dessen Sie sich nicht zu schämen brauchen.

Vergegenwärtigen Sie sich als Nächstes, dass Ihnen die Nervosität oft gar nicht anzusehen ist. Denn Untersuchungen zeigen, dass selbst geschulte Beobachter oft keine Anzeichen von Angst oder Aufregung sehen, während die Sprecher glauben, wie ein zitterndes Häuflein Elend zu wirken.

Bei der Vorbereitung auf eine Rede helfen Ihnen zudem einige einfache Tricks, das Lampenfieber später in Schach zu halten: Verdeutlichen Sie sich noch einmal, was Sie Ihrem Publikum im Wesentlichen mitteilen wollen. Eine Checkliste mit wenigen wichtigen Aspekten kann Sie dabei unterstützen. Trotz der positiven Effekte dieser Übung: Vermeiden Sie das Auswendiglernen. Denn wenn Sie Ihr Wissen nur noch abspulen, wirkt Ihre Rede starr und unpersönlich. Die freie Rede ist für Ihre Zuhörer interessanter, sie wirkt lebendiger und authentischer. Die persönliche Ansprache des Publikums können Sie durch die gezielte Aufnahme von Augenkontakt mit einzelnen Personen noch verstärken. Gleichzeitig senkt dies Ihre Nervosität, da sich das Gefühl, vor einer grauen, anonymen Masse zu reden, reduziert. Natürlich sollten Sie aber nicht nur eine Person ansehen. Ihr Blickkontakt sollte jeweils nach wenigen Sekunden zu einer anderen Person wechseln. Generell gilt, dass ein Blickkontakt, der mehr als drei Sekunden anhält, bei Ihrem Gegenüber Unbehagen auslösen kann. Übertreiben Sie es in Sachen Blickkontakt also nicht. Falls Sie zu den Menschen gehören, denen es eher schwerfällt, anderen in die Augen zu schauen: Üben Sie, Blickkontakt zu halten, indem Sie sich eine Stelle auf der Stirn oder zwischen den Augen Ihres Gegenübers suchen, die Sie fixieren. Der Andere merkt das nicht, und Ihnen hilft es, Ihre Nervosität einzudämmen.

Kienbaum Expertentipp: Spielen Sie Situationen im Geiste durch

Eine schwierige Situation stresst nur noch halb so sehr, wenn man sie vorher bereits mental „durchlebt" hat. Um in stressigen Situationen Ruhe zu bewahren, empfiehlt es sich deswegen, die Situation vorher im Geiste durchzuspielen. Wenn Sie sich vorab konstruktive Gedanken über den möglichen Ablauf machen, können Sie die Situation zumindest zum Teil kontrollieren.

Üben Sie beispielsweise einen Vortrag, den Sie vor vielen Menschen halten müssen, schon ein paar Mal als „Trockenübung" daheim, wenn möglich auch vor einem „Probepublikum". Gute Vorbereitung gibt Ihnen ein

Gefühl der Sicherheit. Wenn Sie bezüglich Ihrer Wirkung auf andere unsicher sind, können Sie sich selbst auch bei der Probe auf Video oder Tonband aufnehmen und so Ihren Vortrag nachträglich „von außen" betrachten.

Die meisten Zuhörer empfinden überzogen steife Formulierungen oder Gesten als negativ. Versuchen Sie daher nicht, sich besonders gewandt auszudrücken oder Ihre Worte bewusst mit besonderen Gesten zu unterstreichen. Ihrem Publikum ist der Inhalt ihrer Rede wichtig. Es will verstehen, was Sie mitzuteilen haben und ist per se erstmal nicht darauf aus, Sie zu kritisieren. Niemand ist perfekt und Perfektion wird von keinem Redner erwartet.

3.3   Umgang mit den „alltäglichen Ärgernissen"

In der heutigen Zeit sind es vor allem die „daily hassles", die kleinen stresserzeugenden Situationen des Alltags, die oft zu chronischer Belastung führen.

Beispiel: Verkehrsstau

Eigentlich gibt es keinen Grund sich aufzuregen, sofern man nicht zu spät zu kommen droht: Ein paar Minuten im Stau zu stehen, verursacht weder Schmerzen noch hat es negative Konsequenzen, wenn kein direkter Termindruck vorhanden ist. Trotzdem: Wenn wir nach Feierabend auf dem Nachhauseweg in einen Stau geraten, werden die meisten von uns fuchsteufelswild und aggressiv. Das ist selbst gemachter Stress.

Kienbaum Expertentipp: Steuern Sie Ihre Gedanken

Statt stressverstärkende Gedanken zuzulassen, steuern Sie Ihre Gedanken bewusst, um den Stress in Grenzen zu halten. Hilfreiche Fragen dazu können sein:

- Was kann denn schlimmstenfalls passieren?
- Wie würde ich das in einem Jahr beurteilen?
- Wie lange wird die Situation maximal andauern?
- Was sind schöne Dinge, die ich noch unternehmen kann?
- Wie wahrscheinlich ist es, dass mir etwas Unangenehmes zustößt?
- Was gibt es alles, das schlimmer wäre?

Das positive Denken können Sie trainieren. Einen guten Ansatz dazu bietet Ihnen die folgende Übung.

Übung: Positives Denken und Handeln

1. Finden Sie heraus, welche Gedanken bei Ihnen Stress verursachen, indem Sie in Stresssituationen bewusst auf das achten, was Ihnen durch den Kopf geht. Versuchen Sie, alternative Formulierungen zu finden und schreiben Sie diese auf.
   Ein Beispiel: „Ich schaffe das nie!" können Sie ersetzen durch: „Das wird schon werden!" oder „Irgendwie bekomme ich auch das hin, wenn ich mir Unterstützung hole".

2. Ersetzen Sie negatives Denken durch positives Handeln: Wenn sich Ihr Zug verspätet, könnten Sie die Zeit nutzen, um bereits einige Telefonate zu führen. Sie könnten auch eine Auszeit nehmen und einen Kaffee trinken, eine Zeitung lesen oder in den Bahnhofsgeschäften stöbern (z. B. nach einem guten Buch). Auch Reisezeiten können Sie wesentlich angenehmer gestalten, wenn Sie sie entweder effektiv zur Arbeit nutzen oder, was vielen Menschen mit hohem Arbeitspensum hilft, gezielt als Freizeit gestalten, die Sie sich sonst selten gönnen. Hören Sie sich beispielsweise auf Autofahrten ein Hörbuch an oder führen Sie Gespräche mit Freunden oder Ihrer Familie. Es kann Ihnen helfen, sich mit anderen Aktivitäten abzulenken – auf diese Weise vergessen Sie Ihre starke Anspannung.

Oft sind es verhältnismäßig unbedeutende Anlässe, die Sie in Ihrem Alltag unter Stress setzen. Sie können daher viel gewinnen, wenn Sie lernen, diese Anlässe zu relativieren: Fragen Sie sich in verschiedenen Situationen, ob der Stress, den Sie gerade empfinden, auch tatsächlich der Bedeutung der konkreten Situation entspricht.

Übung: Relativieren

Notieren Sie sich eine Stresssituation und bewerten Sie sie:

1. Wie groß war die tatsächliche Bedeutung der Situation?
2. Welches Ausmaß an Stress hat die Situation bei mir verursacht?

Beurteilen Sie beide Faktoren auf einer Skala von 1 bis 10. Um ein Gefühl für die Skala zu bekommen, siedeln Sie zum Vergleich einen sehr bedrohlichen Stressfaktor bei 10 an, z. B. eine lebensbedrohliche Krankheit oder den Verlust des Partners.

Situation	Bedeutung	Stresslevel
Ich verpasse meinen Zug.		
Ich stehe im Stau.		
Ich muss in 15 Minuten eine Präsentation vor der Geschäftsführung halten.		
Ich habe einen Konflikt mit meinem Vorgesetzten.		

Wie angemessen ist Ihr Stressempfinden?

Diese Übung wird Ihnen helfen, ein Gespür dafür zu bekommen, ob Sie auf einem angemessenen Stresslevel agieren. Meistens ist dies nämlich nicht der Fall. Wir reagieren auf einen verspäteten Zug oder auf die verschwundene Lieblingstasse im Büro häufig auf einem Stresslevel, der eher einem schwerwiegenden Ereignis, wie einem Verkehrsunfall, angemessen wäre. Bestimmte Situationen und Umstände verdienen die Intensität des emotionalen Einsatzes nicht – Sie reagieren über. Damit „machen" Sie sich mehr Stress als notwendig.

Eine gute Strategie zur Relativierung als belastend empfundener Situationen bietet auch die Frage: „Werde ich mich in zwei Jahren/in zwei Monaten/in zwei Wochen überhaupt noch an diese Situation erinnern?" Wenn Sie mit „Nein" antworten können, haben Sie einen deutlichen Hinweis darauf, dass die Situation keinen großen emotionalen Aufwand wert ist.

Kienbaum Expertentipp: Strategien zur kognitiven Umstrukturierung

Sie können verschiedene Strategien zur Umstrukturierung eigener Gedanken nutzen, um Ihren Stress zu reduzieren:

1. Realitätstest
   - Ist die Situation wirklich so schwierig?
   - Welche Beweise/Tatsachen sprechen für diese Sichtweise?
   - Welche anderen Möglichkeiten gibt es, die Situation zu erklären?
   - Sehe ich vielleicht nur das Negative? Gibt es auch positive Seiten?
   - Verallgemeinere ich zu stark?
   - Habe ich zu hohe oder falsche Erwartungen an mich?

2. „Sich einfach gut fühlen"
   - Wie fühle ich mich, wenn ich diesen Gedanken habe?
   - Hilft mir der Gedanke, mich so zu fühlen, wie ich es möchte?
   - Hilft mir der Gedanke, die Situation gut zu bewältigen?

3. Distanzierung durch Rollentausch/Perspektivwechsel
   - Was würde ich einem guten Freund zur Unterstützung sagen, wenn er sich in einer ähnlichen Situation befände?
   - Was würde ein guter Freund mir in dieser Situation sagen?
   - Kenne ich jemanden, der mit dieser Situation leichter umgehen könnte als ich?
   - Was sagt diese Person möglicherweise zu sich selbst?

4. Zeitliche Relativierung
   - Wie werde ich später (in einem Monat, in einem Jahr) darüber denken?
   - Wie werde ich in zehn Jahren rückblickend diese Situation bewerten?

5. Entkatastrophieren
   - Was könnte schlimmstenfalls geschehen? Wie schlimm fände ich das wirklich?
   - Wie wahrscheinlich ist es, dass das passiert?
   - Was wäre schlimmer als diese Situation?

6. Fokussieren auf eigene Ressourcen und Kompetenzen
   - Habe ich schon einmal eine ähnlich schwierige Situation gemeistert? Wie habe ich es damals geschafft? Was hat mir dabei geholfen?
   - Gibt es etwas anderes, an das ich mich in dieser Situation erinnern kann und das mir Mut und Sicherheit geben kann?

7. Sinnorientierung
   - Was kann ich in dieser Situation lernen?
   - Welche Aufgabe habe ich in dieser Situation?
   - Welchen Sinn finde ich in dieser Situation?

Kienbaum Kompetenztest: Kognitive Umstrukturierung

Probieren Sie die verschiedenen Strategien zur kognitiven Umstrukturierung aus. Gehen Sie dazu bei jeder Strategie in drei Schritten vor:

1. Welche Gedanken machen Ihnen das Leben schwer? Schreiben Sie einen bei Ihnen häufig vorkommenden negativen Gedankengang auf.
2. Was könnten Sie stattdessen denken? Wie könnte der Gedankengang bei Anwendung der einzelnen Strategien aussehen?
3. Welchen Nutzen hätten Sie davon, die jeweilige Strategie anzuwenden?

Wenden Sie nun diese drei Schritte auf die einzelnen Strategien an:

- Realitätstest
- „Sich einfach gut fühlen"
- Distanzierung durch Rollentausch
- Zeitliche Relativierung
- Entkatastrophieren
- Fokussieren auf eigene Ressourcen und Kompetenzen
- Sinnorientierung

3.4   Zusammenfassung: Stressfreies Denken

Damit Sie gezielt Denkmuster zum effektiven Stressabbau entwickeln können, ist es notwendig, dass Sie Ihre eigenen stressbezogenen Denkweisen analysieren.

Um kompetent mit Belastungen umzugehen, fokussieren Sie auf folgende Aspekte:

Akzeptieren Sie die Realität

- Versuchen Sie, gegebene Situationen hinzunehmen, statt mit Ihnen zu hadern oder Probleme zu verdrängen.
- Manchmal hilft es, sich mit einem kleinen Lächeln den Satz „Shit happens!" ins Gedächtnis zu rufen: Meistens muss es trotz ungünstiger Umstände weitergehen, und diese Haltung kann Ihnen das erleichtern.

Nehmen Sie die Herausforderung an (statt Bedrohungen zu vermuten)

- Fokussieren Sie gezielt die positiven Aspekte und Ihre Möglichkeiten, schwierig erscheinende Situationen zu meistern. Dazu kann es hilfreich sein, in einen inneren Dialog zu treten und positive Gespräche mit sich selbst zu führen.
- Ein genaues Hinterfragen der Situation kann Ihnen helfen, unrealistische Ansichten zu verändern. Dazu können Sie bewusst andere Menschen ansprechen und nach deren Wahrnehmung fragen.

Stärken Sie Ihre eigene Selbstwirksamkeit

- Mit einer hohen Selbstwirksamkeitserwartung sind Sie eher motiviert, auch schwierige Probleme aktiv anzugehen. Sie sind mutiger, Ihre Aufgaben zu bewältigen, investieren mehr Anstrengung und können so häufig das gewünschte Ergebnis erreichen.
- Allein durch theoretische Überzeugungsarbeit ist es jedoch schwierig, Ihre Selbstwirksamkeit zu steigern: Denn sie wächst durch positive Erfahrungen in schwierigen Situationen, die Sie gemeistert haben. In diesem Zusammenhang kommt es auf Ihr eigenes Bemühen an, diese Erinnerungen zu reflektieren und dauerhaft wach und lebendig zu halten.
- Suchen Sie sich realistische, dabei aber trotzdem herausfordernde Ziele – Sie werden dadurch schneller zu Erfolgserlebnissen gelangen.

Trainingseinheit: Stressfrei Denken

Die Trainingseinheit zum Abschluss dieses Kapitels wird Ihnen helfen, Ihre persönlichen Stressgedanken zu identifizieren und anzugehen. Damit schaffen Sie eine entscheidende Grundvoraussetzung zur Stressbewältigung.

Trainingseinheit 3: Wie ich mein Denken vom Stress befreie
Ich habe bei mir typische Denkfehler (stressverstärkende Denkmuster) in diesen Situationen festgestellt:

Situation:	Denkfehler:

Eine Situation, in der ich internal attribuiert, d. h. mir selber die Schuld an einem Misserfolg gegeben habe:
Eine Situation, in der ich external attribuiert, d. h. außen liegende Gründe für einen Misserfolg angenommen habe:
Ich habe schon Situationen erlebt, die ich viel belastender fand als andere Menschen:
Ich habe schon Situationen erlebt, die ich deutlich weniger belastend fand als andere Menschen:

Diese Stressverstärker konnte ich bei mir identifizieren (Ergebnisse des Kompetenztests Stressverstärker):

_____

_____

Was ich im Umgang mit meinen Stressverstärkern verändern werde:

_____

_____

Wie ich meinen Umgang mit den Stressverstärkern meiner Mitarbeiter gestalten werde:

_____

_____

Wie ich meinen Umgang mit den Stressverstärkern meiner Vorgesetzten gestalten werde:

_____

_____

Bei diesen stressigen Situationen kann es mir helfen, sie zu relativieren:

_____

_____

4 Beruf und Privatleben: Die richtige Balance finden

Die richtige Balance zwischen Arbeits- und Privatleben zu finden, ist nicht leicht. Es gilt, den beruflichen Anforderungen nachzukommen und Herausforderungen zu meistern, ohne sich selbst zu viel zuzumuten, und gleichzeitig genügend Freiräume für Erholungsphasen, Entspannung und Ausgleich durch Bewegung zu finden. Wie Sie sich im Beruf gezielt auf Dinge konzentrieren, Freizeitstress vermeiden und Erholung finden, erfahren Sie in diesem Kapitel. Zusätzlich erhalten Sie einen Einblick in die betrieblichen Möglichkeiten einer gesundheitsfördernden Work-Life-Gestaltung.

4.1 Work-Life-Balance

Stressoren im Beruf

Unsichere Beschäftigungsverhältnisse, hoher Termindruck, unflexible und lange Arbeitszeiten und nicht zuletzt die Flut an Informationen, die uns tagtäglich erreicht, lösen bei vielen Menschen Stress aus. Schätzungen zufolge gehen mittlerweile 60 Prozent der versäumten Arbeitstage auf stressbedingte Erkrankungen zurück und der jährliche wirtschaftliche Schaden in Europa beläuft sich auf über 20 Milliarden Euro. Über 80 Prozent von über 100 Topmanagern, die im Jahr 2007 von Kienbaum befragt wurden, befanden, dass Arbeitsbelastung und Verantwortung in den letzten Jahren zugenommen haben.

Und die Anforderungen, die mit einer bestimmten beruflichen Tätigkeit einhergehen, schlagen sich für den Einzelnen in psychischen „Beanspruchungen" nieder, die körperliche Beschwerden wie Schlaflosigkeit oder Nervosität hervorrufen können. Dabei sind es oft eher die Arbeitsstrukturen als die Arbeitsinhalte, die Stress erzeugen. Insbesondere hohe Anforderungen (z. B. durch Termindruck) gepaart mit mangelnden Kontrollmöglichkeiten wirken stark belastend. Auch geringe Belohnung (monetär, wie auch in Form sozialer Anerkennung) senkt die Arbeitszufriedenheit und erhöht tendenziell das Stressempfinden.

Beispiel: Typische Stressoren am Arbeitsplatz

- Hoher Zeitdruck
- Mangelndes Verständnis der Vorgesetzten für individuelle Schwierigkeiten (privat oder beruflich)
- Keine oder nur seltene Gespräche (mit Kollegen, Kunden, Vorgesetzten etc.)
- Unvorhersehbare Veränderungen der Arbeitssituation
- Fehlende Freiheit in der Prioritätensetzung
- Nicht eingehaltene Zusagen
- Fehlende Anerkennung eigener Leistungen, wenig oder kein positives Feedback
- Unklare Zielvorgaben

Belastungs-/Beanspruchungskonzept

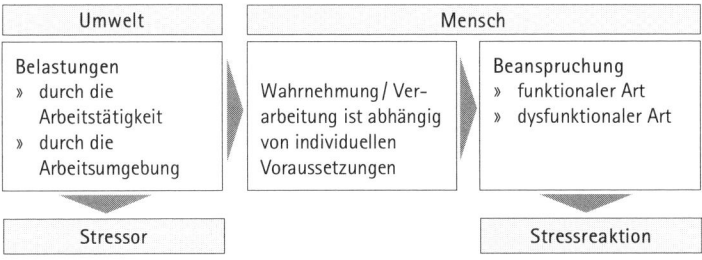

Schematische Darstellung des Stresserlebens

Es hängt von der Persönlichkeit des Einzelnen ab, ob berufliche Belastungen negative Folgen für Körper und Psyche haben. Einige Menschen erleben Belastungen eher als herausfordernd, während andere bei den gleichen Arbeitsbedingungen krank werden. Optimal ist generell ein Beruf, der weder unterfordert (dies führt zu Langeweile) noch überfordert (das erzeugt Frustration). Wenn wir unseren Fähigkeiten entsprechend gefordert werden, können wir am besten Erfolge erzielen und unser Selbstbewusstsein stärken. Mitunter aufkommenden Stress können wir dann gut durch Freizeitaktivitäten wie Sport oder mit Freunden und Familie verbrachte Zeit ausgleichen.

Das Konzept der Work-Life-Balance

Der Begriff „Work-Life-Balance" beschreibt einen Zustand der Ausgewogenheit von Berufs- und Arbeitsleben. „Balance" bedeutet in diesem Zusammenhang emotionale Beständigkeit. So könnte man die „Vereinbarkeit" von Familie, Privatleben und Beruf als Synonym dafür betrachten.

Der deutsche Begriff „Vereinbarkeit" fokussiert allerdings eher die gesellschaftlichen Rahmenbedingungen als die Sichtweise des Einzelnen. Die optimale Work-Life-Balance lässt sich nicht pauschal bestimmen, sie kann für jeden Menschen anders aussehen.

Wie das Stresserleben selbst, sind auch unsere Strategien zu Stressreduktion und zur Erlangung innerer Ausgeglichenheit subjektiv. Wichtig ist dabei immer, dass Sie sich wohlfühlen.

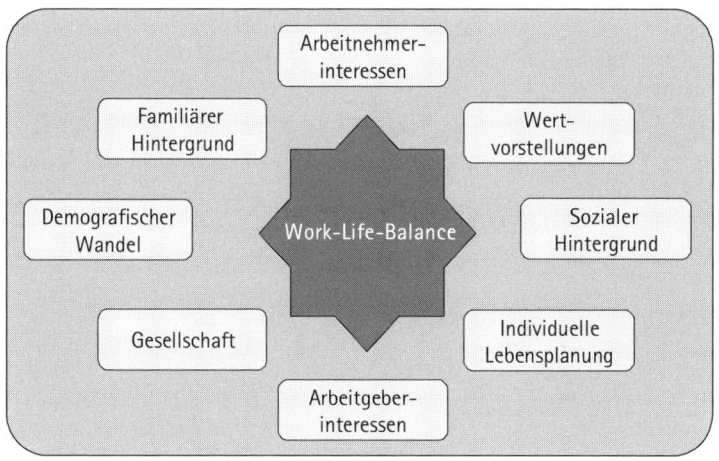

Die Vereinbarkeit von Beruf und Privatleben hängt von verschiedenen Faktoren ab

Präferenzen verschieben sich je nach Lebensphase

Was wir als perfekte Work-Life-Balance bezeichnen, ist auch eine Frage unseres Lebensalters und der aktuellen Lebensumstände (Single, Familienvater etc.), unseres Berufsstatus (z. B. Neueinsteiger oder kurz vor der Pensionierung) und letztlich auch unserer Auffassung vom Sinn des Lebens. Während Sie es vielleicht lieben, kulturelle Veranstaltungen zu besuchen, verbringt Ihr Kollege gerne seine Abende im Sportverein. In jedem Falle sollten Sie auf die Nachhaltigkeit Ihrer eigenen Lebensweise für Ihre Gesundheit achten. Die Anforderungen unserer modernen Welt haben den Stress laut WHO zu einer der größten Gesundheitsgefahren des 21. Jahrhunderts gemacht. Die WHO definiert Gesundheit nicht nur als Abwesenheit von Krankheit, sondern als einen Zustand umfassenden Wohlbefindens.

Work-Life-Balance-Typen

Je nach beruflichem Engagement, eigenen Ressourcen und aktueller Lebenszufriedenheit resultieren unterschiedliche Work-Life-Muster. Angemessene Arbeitsbelastung und individuelle Gesundheit sind jedoch die wesentlichen Stellschrauben für eine gute Work-Life-

Balance. Als „gesund" kann man einen Arbeitsstil dann bezeichnen, wenn er durch hohe berufliche Zufriedenheit und moderate Verausgabung gekennzeichnet ist, und der arbeitende Mensch gleichzeitig eine hohe Widerstandskraft gegenüber stressauslösenden Situationen besitzt. Eine Kombination aus geringer persönlicher Widerstandskraft und (sehr) hohem beruflichem Engagement führt hingegen zu einem Work-Life-Risikomuster, das mit einer Burnout-Gefährdung einhergeht.

Persönlichkeitsmerkmale		
Widerstandskraft	Berufliches Engagement	Zufriedenheit
» Resignationstendenz	» Persönliche Bedeutung des Berufs und Ehrgeiz	» Erfolgserleben im Beruf
» Ausgeglichenheit	» Verausgabung	» Allgemeine Lebenszufriedenheit
» Offensive Problembewältigung	» Distanzierung	» Soziales Netz

	Muster Gesundheit	Muster Schonung	Risiko- muster A	Risiko- muster B
Widerstandskraft	hoch	mittel	niedrig	sehr niedrig
Berufliches Engagement	hoch	sehr niedrig	sehr hoch	niedrig
Verausgabung	mittel	sehr niedrig	sehr hoch	mittel
Distanzierung	hoch	sehr hoch	sehr niedrig	niedrig
Zufriedenheit	hoch	mittel	mittel	sehr niedrig

Abb.: Wahrgenommene Arbeitsbelastung und Gesundheit

Kienbaum Kompetenztest: Ihre persönliche Work-Life-Balance

Nehmen Sie eine Selbstanalyse vor: Wie schätzen Sie sich selbst ein? Fühlen Sie sich widerstandskräftig und sind Sie in Ihrem Job zufrieden? Engagieren Sie sich vielleicht schon seit Jahren beruflich sehr stark? Möglicherweise sind Sie aber auch seit längerer Zeit nicht mehr mit Ihrem Job zufrieden und würden gerne wechseln? Das Reflektieren der eigenen Situation liefert Ihnen wichtige Hinweise zur Gestaltung Ihrer Work-Life-Balance.

Welches Muster stimmt für Sie?

Hinterfragen Sie Ihre eigene Situation: Mitunter verbergen sich hier Motivationslagen, die Sie nicht vermutet hätten oder sich auch nicht gerne eingestehen. Beispielsweise empfinden es die meisten Menschen als angenehm, „wichtig" zu sein.

- Der Stress, der entsteht, wenn Kollegen oder Mitarbeiter auch am Wochenende um Rat fragen, beflügelt manche Führungskraft.

- Der freie Journalist, der sich mit gelegentlichen Aufträgen über Wasser hält, genießt es möglicherweise unbewusst, von Freunden und Bekannten für seine Beharrlichkeit, sein „Durchbeißen", bewundert zu werden.

Wenn Sie derartige Zusammenhänge für sich erkennen, können Sie sich darüber klar werden, was Sie antreibt und wie Sie leben möchten. Dazu gehört auch, dass Sie sich etwaige Unzufriedenheit eingestehen. Sind Sie unzufrieden und haben das für sich selbst auch klar erkannt, dann sollten Sie sich beruflich verändern. Es bringt nichts, wenn Sie sich jahrelang vorstellen, dass der Stress mit der nächsten Beförderung endlich geringer wird oder dass Sie plötzlich Freude an Tätigkeiten entwickeln, die Sie tatsächlich schon seit Jahren frustrieren. Eine Möglichkeit, einen Neuanfang auf Zeit zu wagen, ist beispielsweise ein Sabbatical.

Kienbaum Expertentipp: Die vier Felder Ihres Lebens berücksichtigen

Ihre eigene Work-Life-Balance können auf Dauer nur Sie selbst effektiv verbessern. Betrachten Sie dazu die vier Felder Ihres Lebens:

- Familie/Partnerschaft
- Freizeit/Freunde
- Beruf
- Gesundheit/Ihre eigene Person

Stellen Sie sich nun selbst kritische Fragen:

- Womit bin ich zufrieden?
- Was würde ich gerne ändern und wie?
- Was könnte ich besser/öfter machen, um glücklicher zu sein?

Sie können sich dazu die vier Felder Ihres Lebens als eine Waage mit vier Waagschalen vorstellen. Gibt es eine, die deutliches Übergewicht hat? Gibt es ein Feld, das Sie in der letzten Zeit vielleicht eher „auf die leichte Schulter" genommen haben, sodass es nun zu wenig Gewicht hat? Wenn ja, überlegen Sie, wie Sie das ändern wollen und können. All Ihre Überlegungen sollten Sie auf das Ziel ausrichten, sich wohlzufühlen. In diesem Sinne ist – solange es anderen Menschen keinen Schaden zufügt – alles erlaubt.

Ein Patentrezept, wie Sie eine für sich optimale Work-Life-Balance erreichen, gibt es nicht. Aber es gibt einen generellen Hinweis, den Sie sich zu Herzen nehmen sollten: Sorgen Sie für einen positiven Ausgleich zu Dingen, die bei Ihnen Stress, Unzufriedenheit und Frustration auslösen. Hierbei können Ihnen die verschiedenen Strategien zur Stressvermeidung, die Sie bereits in diesem Buch kennengelernt haben, entscheidende Hilfen sein. Völlig vermeiden lassen sich negative Ereignisse in unserem Leben nie. Aber wir können versuchen, ihnen aktiv angenehme und gesundheitsfördernde Maßnahmen entgegenzusetzen. Einige Hinweise dazu haben wir für Sie in der folgenden Checkliste zusammengefasst.

Checkliste für Ihre Work-Life-Balance

- Achten Sie darauf, nach Phasen hoher (beruflicher) Belastung eine Auszeit zu nehmen. Gehen Sie an Tagen, an denen es ruhiger zugeht, früher nach Hause.
- Auch wenn man sich abends manchmal nur schwer aufraffen kann: Besiegen Sie den „inneren Schweinehund" und werden Sie nach Feierabend aktiv (verbringen Sie Ihre Freizeit mit Freunden, Familienaktivitäten etc.).
- Verschaffen Sie sich ausreichend Bewegung (Joggen etc.) und achten Sie auf eine gesunde Ernährungsweise (das sind Tipps, die Ihnen immer wieder begegnen werden, da sie für Ihre Gesundheit und Ihr Wohlbefinden entscheidend sind!): Nehmen Sie beispielsweise die Treppe anstelle des Aufzugs oder lassen Sie für kleinere Besorgungen das Auto stehen und gehen Sie zu Fuß oder fahren Sie mit dem Fahrrad.
- Achten Sie unbedingt darauf, ausreichend Schlaf zu bekommen: Wenn Sie ausgeschlafen sind, können Sie dasselbe Arbeitspensum in geringerer Zeit schaffen. Schlafmangel hingegen reduziert Ihre Kreativität und auch Ihre Urteilsfähigkeit.
- Vergewissern Sie sich immer wieder Ihrer eigenen Stärken, um nicht in die Leistungsfalle zu tappen. Sie müssen sich nichts beweisen, indem Sie zum Beispiel bis 23 Uhr im Büro bleiben.
- Überlegen Sie, in welchen weiteren Feldern Sie sich wertvollen Ausgleich zu Ihrer beruflichen Tätigkeit verschaffen können.

4.2 Freizeitstress vermeiden

Mutprobe: Auch mal nicht erreichbar sein

Eigentlich könnte man auch sonntags arbeiten – wie Sie sich abgrenzen und auch tatsächlich mal „nichts tun" und „einfach entspannen" können, erfahren Sie in dem folgenden Kapitel. Denn immer mehr Berufstätigen fällt es schwer, eine „Life-Balance" ohne „Work" zuzulassen. Das hängt damit zusammen, dass die Grenzen zwischen Beruf und Privatleben zunehmend verwischen.

• Homeoffice und Vertrauensarbeitszeiten haben eine Kehrseite: Sie führen oft dazu, dass Zeiten, die gezielt nur der Freizeit und Entspannung gewidmet sein sollten, wegfallen oder reduziert werden.

• Viele Berufstätige plagen sich in ihrer freien Zeit außerdem mit einem schlechten Gewissen. Denn eigentlich könnte man ja am Sonntagnachmittag die Präsentation für Montag fertigstellen. Und selbst wenn sie sich „Freizeit" nehmen, sind viele Menschen versucht, diese „effizient" zu gestalten, beispielsweise durch Weiterbildung oder andere „nützliche" Aktivitäten.

Dabei fehlt der Spielraum, manchmal einfach das zu tun, was einem gerade gefällt. Ein Beispiel ist das Spielen: Das ist eine nicht zweckgerichtete Handlungsweise, die nur sich selbst dient. Kinder lernen tatsächlich beim Spielen – mit Spaß, hoch motiviert und ohne Druck. Erwachsenen dagegen fällt es meist sehr schwer, Dinge nur um ihrer selbst Willen zu tun.

Die Auflockerung starrer Arbeitszeiten bedeutet zwar ein höheres Maß an Freiheit, macht es aber auch notwendig, dass wir als Privatmenschen auf unsere Erholung und Freizeit stärker achten, damit wir uns gesund und wohl erhalten.

Versklavung durch den Blackberry?

• Umfragen zufolge lassen mehr als 70 Prozent der Führungskräfte in Deutschland selbst nach Feierabend Blackberry und Co. wie selbstverständlich eingeschaltet. Nach einer Studie des Bundesverbands Informationswirtschaft, Telekommunikation und neue

Medien war ein Drittel der Teilnehmer außerhalb der regulären Arbeitszeiten erreichbar.

- Vielen fällt es schwer, Outlook und Co. einige Zeit lang tagsüber bewusst ausgeschaltet zu lassen. Gerade im Management findet man den klassischen „Nine-to-five-Job" ohnehin nicht mehr. Oftmals wird Arbeit mit nach Hause genommen und E-Mails werden auch am Wochenende gelesen.

Interessanterweise scheint aber gerade die jüngere Generation weniger Probleme mit dem Ausschalten von Handy und Computer zu haben. Diejenigen, die mit Handy und Co. aufgewachsen sind, handeln in ihrer Freizeit konsequent im Sinne des effektiven Stressmanagements.

Kienbaum Expertentipp: Schaffen Sie sich arbeitsfreie Zeiten

Ob auch Sie am Wochenende immer erreichbar sind, ist natürlich letztlich Ihre Entscheidung. Problematisch wird es erst dann, wenn Sie sich verpflichtet fühlen, nicht mehr ausschalten und damit auch nicht mehr „abschalten" können. Zeitspannen, in denen Sie überhaupt nicht an die Arbeit denken, sind extrem wichtig. Ohne solche Phasen erholen Sie sich nur schlecht und bleiben aufgrund Ihrer geistigen Beschäftigung mit der Arbeit „immer unter Strom" – also „im Stress".

Übertragen Sie das Leistungsdenken nicht ins Privatleben

Weihnachten, Urlaubsreisen, Verwandtenbesuche – oft stressen uns Dinge, die eigentlich Spaß machen sollten. Eine Ursache dafür ist, dass unsere eigenen Erwartungen überhöht sind. Speziell im Urlaub setzen wir uns unter Druck: Wir verbringen zwei bis drei oft teuer bezahlte Urlaubswochen und müssen uns folglich auch besonders gut erholen. Doch Erholung lässt sich nicht erzwingen.

Warum Urlaub wichtig ist

Sich eine Auszeit vom Arbeitsalltag zu gönnen, dient nicht nur der Entspannung. Studien zeigen, dass Urlaub auch die Lebenszufriedenheit erhöht und gesundheitsfördernd wirkt. Die räumliche Distanz zum Arbeitsplatz hilft uns zudem, uns auf andere Bereiche des Lebens zu besinnen und die eigene berufliche Tätigkeit kritisch zu reflektieren. Im Laufe des Alltags geprägte negative, wie auch überzogen positive Assoziationen mit dem Job können relativiert werden.

Verschiedene Studien zeigen, wie lange die positiven Effekte eines Urlaubs anhalten. Leider stellte sich dabei heraus, dass wir uns meist schon wenige Wochen nach dem Urlaub wieder im Alltagstrott befinden. Mehrere kürzere Urlaube, über das Jahr verteilt, sind daher im Hinblick auf unser Stressmanagement günstiger als ein langer Jahresurlaub. Sie haben aber noch mehr Möglichkeiten, die positiven Effekte Ihres Urlaubs länger für sich zu nutzen. Wie Sie das machen, erfahren Sie in den folgenden Abschnitten.

Urlaubsplanung ohne Stress

Damit der lang ersehnte Urlaub erholsam wird und nicht etwa eine weitere Stressquelle darstellt, sollten Sie versuchen, sich Ihre Bedürfnisse bereits im Vorfeld möglichst klarzumachen (brauchen Sie eher einen Wellnessurlaub, einen Trekkingtrip oder Kulturprogramm?) und Ihre Reise mit ausreichendem Vorlauf zu planen. Besonders bei Reisen in einer Gruppe sollten Sie sich vorher genau überlegen, mit wem Sie Ihren Urlaub verbringen möchten und inwieweit Sie bereit sind, Kompromisse einzugehen.

Nachdem Sie Ihre Reise gebucht haben, sollten Sie Ihre Entscheidung nicht mehr hinterfragen. „Was wäre, wenn ich doch Malaysia gebucht hätte?" oder „Wäre ich jetzt auf der Städtereise mit Freunden nicht doch glücklicher?" – Mit dieser Art des Konjunktiv-Denkens tun Sie sich keinen Gefallen. Denn Sie können doch nicht widerlegen, dass die erdachte Alternative eventuell tatsächlich die bessere gewesen wäre – die Betonung liegt auf: „gewesen wäre".

Wenn Sie zudem in den Erwartungen an Ihren Urlaub realistisch bleiben, dann wird Sie ein Tag mit Regenwetter oder ein weniger gutes Restaurant, das Sie am Abend besuchen, nicht gleich aus der Bahn werfen. Wenn Sie nach dem Urlaub wieder zu Hause sind, lassen Sie sich etwas Zeit, wieder in die bekannten Strukturen zurückzufinden. Eine gute Strategie ist, noch einen freien Tag zu Hause einzuplanen.

Kienbaum Expertentipp: Seien Sie einfach mal „weg"

Um sich im Urlaub optimal zu erholen, sollten Sie während des Urlaubs die Arbeit ausblenden – auch wenn das mitunter leichter gesagt sein mag als getan. Schon das gelegentliche Abrufen Ihrer E-Mails kann den Erholungseffekt reduzieren. Haben Sie den Mut, für Ihre Kollegen und Mitarbeiter einfach mal „weg" und unerreichbar zu sein.

Tipps für einen entspannten Urlaub

Lassen Sie die Arbeit ruhen

Versuchen Sie im Urlaub, Abstand zu Ihrem Berufsalltag zu gewinnen. Lesen Sie lieber einen guten Roman als eine Fachzeitschrift und lassen Sie am besten auch den privaten Computer ausgeschaltet. Sie werden die Erfahrung machen, dass es an Ihrem Arbeitsplatz auch ohne Sie läuft, weil es eben einfach auch ohne Sie laufen muss.

Gewöhnen Sie sich langsam an die Erholung

Pünktlich zu Beginn des Urlaubs liegen Sie mit einer Erkältung im Bett: „Leisure Sickness" nennt sich dieses Phänomen. Es hängt damit zusammen, dass unser Immunsystem angreifbarer wird, wenn wir unter Daueranspannung stehen. Das psychovegetative System reagiert auf die plötzliche und ungewohnte Ruhe. Geben Sie sich daher die Möglichkeit, langsam herunterzufahren.

Wenn Sie einen anstrengenden Alltag haben und oft unter Zeitdruck stehen, wünschen Sie sich wahrscheinlich, im Urlaub einfach mal „nichts" zu tun. Ihr Körper, der nach wie vor unter Anspannung steht, kann sich aber nicht so schnell umstellen. Körperliche Beschwerden sind deshalb nicht selten Begleiterscheinungen eines erzwungenen „Nichtstuns". Das erwünschte Glücksgefühl finden Sie dann vielleicht eher auf einer Bergwanderung, bei einer Segeltour oder bei einer anderen aktiven Tätigkeit, die Ihre Kreativität fördert.

Aktivitäten gerne, aber keine Leistungsshow

Wenn Sie sich in Ihrer Freizeit zu viele Dinge vornehmen, riskieren Sie, die einzelnen Dinge nicht mehr richtig genießen zu können. Das Ziel Ihrer Freizeitaktivitäten sollte nicht sein, Höchstleistungen zu erbringen. Vielmehr sollten Ihnen die Aktivitäten Freude und Genuss verschaffen.

Nach dem Urlaub: Halten Sie positive Erinnerungen wach

Fotos wecken Erinnerungen und können Ihnen Urlaubsgefühle zurückbringen. Nutzen Sie die positive Kraft der Bilder und schauen Sie sich Ihre Urlaubsfotos mehrfach an, z. B. mit verschiedenen Bekannten oder mit der Familie. So wecken Sie immer wieder angenehme Erinnerungen und schöpfen neue Energie. Voraussetzung dafür ist natürlich, dass Sie im Urlaub Fotos machen. Aber auch Souvenirs können Erinnerungen und positive Emotionen wecken.

4.3   Stressfrei als Privatperson

Oft sind es die kleinen Dinge, die uns Genuss und Erholung bringen. Ein wunderbares Beispiel ist der Spaziergang im Wald: Frische Luft, Bewegung und Naturerleben stärken unsere Seele. Erfahren Sie im Folgenden, welche kleinen Freuden des Alltags Sie einsetzen können, um Ihr Stresserleben zu reduzieren und zu einem ausgeglichenen Work-Life-Verhältnis zu gelangen.

Natur pur

Ein Schlüssel, weniger Stress zu erleben, ist das bewusste Wahrnehmen – zum Beispiel den Geruch frisch geschnittenen Grases beim Spaziergang, den Geschmack des frischen Apfels oder das Zwitschern der Vögel am Abend. Eine Studie der Universität Maastricht belegt, dass ausgiebige Spaziergänge an der frischen Luft sogar effektiver sein können als Fitnesstraining, denn frische Luft belebt die Sinne. Außerdem steht der Wunsch, Kalorien zu verbrennen, beim Spaziergehen weniger im Vordergrund. Viele Menschen bewegen sich unbewusst weniger, wenn sie aus dem Fitnessstudio kommen – nach einem Spaziergang ist das anders.

Weniger ist mehr

Bewusster Genuss kann auch daraus entspringen, eine gezielte Distanz zum Konsumverhalten aufzubauen. Dieser Trend, das sogenannte „Simple Living", wurde in den USA geprägt. Die Anhänger der Bewegung legen großen Wert auf ökologische Nachhaltigkeit, Bioprodukte sowie eine gesunde und verantwortungsvolle Lebens- und Ernährungsweise. Die bewusste Auseinandersetzung mit der eigenen Gesundheit, wie beim „Simple Living", fördert in der Tat das Wohlbefinden.

Ähnliche Ziele verfolgt die „Slow-Food"-Bewegung. Die Anhänger beider Richtungen bevorzugen ausgewählte Lebensmittel und sind sich ihres Konsumverhaltens sehr bewusst. Diese Wertschätzung der eigenen Lebens- und Ernährungsweise trägt zum persönlichen Lebensglück bei: Man weiß, dass man sich etwas Gutes tut. Das erfolgreiche Einhalten einer Diät oder das Überwinden des „inneren Schweinehunds" vor dem Sporttraining schenkt uns übrigens aus demselben Grund Glücksmomente.

Zeit zum Genießen

Statt gedankenlos Fertigessen zu konsumieren, propagieren die Anhänger von „Slow Food", sich Zeit zum Kochen und zum Essen zu nehmen. Der Nahrungszubereitung und -aufnahme wird dadurch automatisch wieder mehr Bedeutung beigemessen; sie werden zu etwas Wichtigem, zu einem Punkt des Tages, auf den man sich freuen kann. Das Ausprobieren neuer Rezepte regt die Phantasie an und das Essen wird zu einer gemeinsamen Erfahrung. Eine gesunde Ernährungsweise reduziert zudem über die Beeinflussung physiologischer Prozesse den Stresspegel.

Kienbaum Expertentipp: Genießen Sie richtig

Genuss verschaffen Ihnen alle Aktivitäten, die Wohlbefinden erzeugen. Die Voraussetzung dafür ist, dass Sie sich Genuss gönnen und sich Zeit für ihn nehmen. Versuchen Sie, Dinge aufzuschreiben, die Ihnen Genuss verschaffen. Fragen Sie sich, wann Sie diese Aktivitäten oder Gegenstände zum letzten Mal genossen haben. Machen Sie sich eine Liste und erfüllen Sie sich – sobald wie möglich – Wünsche, die Sie schon seit langer Zeit hegen.

Auch beim Genuss gilt die Regel „Weniger ist mehr". Genießen Sie ein gutes Glas Wein, ein Stück Schokolade oder einen spannenden Film, indem Sie Ihre Sinne voll und ganz darauf ausrichten. Durch das sinnliche Wahrnehmen auf mehreren Ebenen schulen Sie Ihre

Sinne und maximieren Ihren Genuss. Wenn Sie sich Genuss verschaffen wollen, nutzen Sie zusätzlich folgende Strategien des Genießens:

- Stellen Sie sich vor, Sie müssten jeden Tag drei Tafeln Schokolade essen: Zum Genuss wird etwas erst dadurch, dass man es sich nur hin und wieder gönnt.
- Wenn Sie genießen, dann mit allen Sinnen und ohne schlechtes Gewissen. Schulen Sie Ihre Sinne, indem Sie bewusst darauf achten, wie die Dinge schmecken, sich anfühlen, riechen etc.
- Könnten Sie einen guten Wein in fünf Minuten genießen? Nehmen Sie sich Zeit, denn Zeit und Genuss gehören zusammen.
- Machen Sie sich genussvolle Momente bewusst – gerade auch die kleinen Glücksmomente, die unseren Alltag beleben.
- Genuss ist individuell: Ob der Blick auf das Meer, die Schokolade, das Glas Rotwein oder die Currywurst – niemand weiß besser als Sie selbst, was Sie genießen können.

Kienbaum Expertentipp: Machen Sie sich jeden Tag ein Geschenk

Versuchen Sie, sich jeden Tag ein Erlebnis zu verschaffen, das Ihnen Genuss und Freude bereitet. Wenn Sie möchten, können Sie das auch in Ihrem Kalender vermerken, sodass Sie im Vorfeld bereits häufiger daran erinnert werden und auch die Vorfreude auskosten können.

Kreative Freiräume

Für Menschen mit engem Terminkalender kann es eine wunderbare Erfahrung sein, einfach mal „in den Tag hinein" zu leben. Beispielsweise könnten Sie am Samstag an die See fahren, ohne vorher das Hotel zu reservieren und die Route zu berechnen. Freiräume zu nutzen bedeutet auch, Spontaneität und Kreativität zuzulassen. „Früher hatte ich komplett durchgeplante Jahre", sagt ein Manager, „das halbe Jahr war ja schon im Voraus verplant. Heute genieße ich es, einfach mal planlos in das Wochenende zu starten, zum Beispiel mit einer langen Wanderung." Nehmen Sie sich spontane Erholungspausen im Alltag: So gibt es beispielsweise Manager, die viel reisen und immer Wanderstiefel oder Sportsachen dabeihaben.

Keine Chance dem „Montagsblues"!

Neonlicht, Computer und Kantine – die Vorstellung, am Montag wieder zur Arbeit zu müssen, überfällt uns mitunter schon am Sonntagabend. Für etwa 80 Prozent der Arbeitnehmer ist der Montag der schlimmste Tag in der Woche. Die Arbeit beginnt wieder, die Zeit der Muße und Erholung ist passé.

Im Grunde hat der „Montagsblues" zwei Ursachen. Wir können unsere Zeit nicht mehr wie am Wochenende frei einteilen und sind durch Vorgesetzte, Kollegen und Kunden fremdbestimmt. Und die meisten von uns schlafen am Wochenende aus und gehen später ins Bett. Das führt dazu, dass wir am Montag unter einem Mini-Jetlag leiden und nicht richtig ausgeschlafen sind. Der Montag ist nicht ohne Grund der Wochentag, an dem die meisten Arbeitsunfälle passieren und der Krankenstand am höchsten ist.

Damit Sie den Start in die Woche möglichst sanft und stressfrei erleben, sollten Sie einige Tipps beachten.

Kienbaum Expertentipp: Vermeiden Sie Stress vor Arbeitsbeginn!

- Vermeiden Sie Stress am Sonntagabend: Essen Sie nicht zu spät, gehen Sie früh genug ins Bett, tun Sie vorher etwas Angenehmes. Das Fernsehen am Abend wirkt auf den Körper übrigens eher an- bzw. aufregend als beruhigend. Wenn Sie Einschlafprobleme haben, sollten Sie lieber zu einem schönen Buch greifen.
- Vermeiden Sie das „Montagsgrauen". Planen Sie nach Möglichkeit etwas Angenehmes ein. Vielleicht können Sie ein Ritual für den Montagmorgen einführen (z. B. einen kurzen Kaffee-Treff mit Freunden, ein ausgiebiges Frühstück, den Spaziergang zum Bäcker).
- Wichtige Termine und Meetings sollten Sie nicht auf den Montagmorgen legen. Denn der Mini-Jetlag nach dem Wochenende führt leicht dazu, dass Sie sich noch nicht so gut konzentrieren können.
- Frühstücken Sie in Ruhe.
- Nutzen Sie den Weg zur Arbeit zur Kurzentspannung (beispielsweise mit einem Hörbuch).
- Stehen Sie morgens bewusst etwas früher auf, um nicht in Hektik zu geraten.
- Bewegen Sie sich möglichst viel vor der Arbeit. Auch sehr kurze Trainingszeiten erhöhen die Herzfrequenz, verbessern die Sauerstoffversorgung Ihres Gehirns und setzen Endorphine frei, die Sie gelassener machen.

- Befassen Sie sich am Sonntagabend nach Möglichkeit noch nicht mit Arbeitsinhalten. Wenn Sie bereits abends reisen müssen, um am Montag pünktlich bei einem Kunden oder im Büro zu sein, nutzen Sie die Reisezeit zur Entspannung (im Zug lesen oder eine DVD anschauen, im Hotelzimmer ein Schaumbad genießen etc.).

Sabbatical – Was Sie vor der „Auszeit" beachten sollten

Mal für sechs Monate auf einer Ranch in Neuseeland arbeiten, ein Zusatzstudium absolvieren, die Doktorarbeit zu Ende schreiben oder einfach ein Jahr lang die Welt bereisen – viele von uns träumen davon, Dinge, die uns im Alltagsleben unerreichbar scheinen, in einem Sabbatical umzusetzen. Doch wie alles im Leben bringt auch die Auszeit vom Beruf nicht nur Positives mit sich. Es gibt auch Risiken, die Sie vor dem Antritt einer Auszeit ins Kalkül ziehen sollten. Zunächst einmal muss Ihr Arbeitgeber zustimmen und der finanzielle Rahmen muss gesichert sein (z. B. durch private Ersparnisse, teilweise Gehaltsumwandlung in Urlaub, sogenanntes „Gehaltssplitting" oder über Arbeitszeitkonten). Einen generellen Anspruch auf eine längere Auszeit haben Arbeitnehmer in Deutschland nicht. Wenn Ihnen ein Sabbatical möglich ist, dann sollten Sie zudem bedenken, dass die Rückkehr in den alten Job nicht immer ohne Probleme abläuft. Neben dem Arbeitgeber müssen Sie selbst schließlich nach der langen Zeit bereit sein, in die alten „Zwänge" und Strukturen zurückzukehren.

Absicherung für die Zeit danach

Denken Sie daran, neben dem Versicherungsschutz während der Auszeit (u. a. Aufrechterhaltung von Kranken-, Renten-, Arbeitslosenversicherung) auch eine finanzielle Rücklage für die Zeit nach Ihrer Rückkehr zu schaffen. (Übrigens: Nur jeder zehnte Arbeitnehmer, der von einer Auszeit träumt, verwirklicht sich diesen Traum tatsächlich – das sind in Deutschland aktuell etwa vier Prozent aller Berufstätigen.) Ein Grund dafür ist sicherlich, dass derzeit nur wenige Arbeitgeber die Möglichkeit bieten, nach einigen Monaten der Abwesenheit zum alten Job zurückzukehren. Auch ist es in Deutschland oft mit viel administrativer Abstimmung verbunden, eine Auszeit zu nehmen. Aber vielleicht ändert sich das bald. Gerade Beratungsunternehmen und international tätige Konzerne haben erkannt, dass es für sie eine Bereicherung bedeutet, wenn junge Leistungsträger einige Zeit im Ausland verbringen und internationale Kompetenzen erwerben oder sich postgraduell weiterbilden. Heutzutage gelten beispielsweise Auslandsaufenthalte während des Studiums in einigen Unternehmen bereits als Einstellungsvoraussetzung – noch in den 1990er Jahren galt ein Auslandssemester im wahrsten Sinne des Wortes als „exotisch". In jedem Falle bietet eine Auszeit die Chance, im eigenen Leben neue Impulse zu setzen: Die meisten Arbeitnehmer, die ein Sabbatical nehmen, berichten hinterher von einer Bereicherung ihres Lebens.

Trainingseinheit: Work-Life-Balance

Auch hier bieten wir Ihnen nun eine Trainingseinheit an: Sie wird Ihnen helfen, Ihre persönliche Work-Life-Balance einzuschätzen und zu optimieren.

Trainingseinheit 4: Meine Work-Life-Balance

An meinem Arbeitsplatz habe ich diese psychischen Stressoren identifiziert:

_____

_____

Mein Work-Life-Balance-Typ ist: (Gesundheit, Schonung, Risiko A oder Risiko B, siehe ab Seite 128)

_____

Um mein Wohlergehen dauerhaft zu erhalten, will ich auf diese Dinge bei meiner Arbeit und in meinem Privatleben achten:

_____

_____

In der Vergangenheit hat es diese eigentlich schönen Momente gegeben, die ich nicht richtig genießen konnte:

_____

_____

Diese Strategien möchte ich anwenden, damit ich schöne Momente wieder richtig genießen kann:

_____

_____

Um dem „Montagsblues" zu entgehen, werde ich diese Strategien anwenden:

_____

_____

Um Arbeitszeit und Privatleben besser zu trennen, habe ich Zeiten festgelegt, in denen ich sowohl meinen Laptop als auch mein Handy ausstellen werde:

Mo: von _____ bis _____ Uhr

Di: von _____ bis _____ Uhr

Mi: von _____ bis _____ Uhr

Do: von _____ bis _____ Uhr

Fr: von _____ bis _____ Uhr

Sa: von _____ bis _____ Uhr

So: von _____ bis _____ Uhr

Diese betrieblichen Angebote zur Verbesserung meiner Work-Life-Balance werde ich nutzen:

_____

_____

Diese Dinge möchte ich in Zukunft gerne tun und nehme mir fest vor, dies zu verwirklichen:

_____

_____

Heute habe ich diese Dinge getan, die mir Freude bereitet haben:

_____

_____

In den verschiedenen Lebensbereichen sind mir folgende Dinge besonders wichtig. Darauf sollte ich achten:	
Familie/Partner	Freizeit/Freunde
Beruf	Gesundheit/meine Person

5 Wie Sie sich besser erholen

Auch wenn Sie nicht alle stressauslösenden Faktoren aus Ihrem Umfeld verbannen können – Sie können zumindest die Intensität Ihrer Reaktionen darauf positiv beeinflussen und mindern. Denn Sie haben die Möglichkeit, gezielt an Ihrer Fähigkeit zu arbeiten, sich zu erholen und Ihre Widerstandskraft zu erhöhen.

Ihr Fitness-Level, der Erholungswert Ihres Schlafes, Ihre Fähigkeit „loszulassen" und nicht zuletzt auch Ihre Ernährung, wirken sich entscheidend auf Ihre Fähigkeit aus, mit Stress umzugehen. Wir alle kennen Phasen, in denen wir anfälliger für Krankheiten sind, eine „dünnere Haut" haben und weniger effektiv im Umgang mit Stressreizen sind.

Kienbaum Expertentipp: Ihr Körper als Hebel zur Stressbewältigung

Die Stressreaktionen Ihres Körpers hängen alle miteinander zusammen. Schon wenn Sie nur einen der physiologischen Vorgänge normalisieren, die unter Stressbelastungen in Ihrem Körper aktiviert werden, nivelliert sich dadurch automatisch – in einer geradezu reflexartigen Entspannungsreaktion – das Erregungsniveau Ihres gesamten Nervensystems. Wenn Sie also z. B. positiven Einfluss auf Ihre Atmung oder die Muskelspannung nehmen, wird dies einen regulierenden Einfluss auf Ihren Blutdruck und die Hormonausschüttung haben. Wenn Sie es also schaffen, einen einzigen Teilvorgang Ihrer körperlichen Stressreaktionen zu normalisieren, fördern Sie damit die Stabilisierung des gesamten Systems. Diesen Vorteil können Sie gezielt nutzen!

Sie können einen Lebensstil entwickeln, der Sie gegen Stress resistent macht: Wenn Sie Ihr körperliches und geistiges Wohlbefinden pflegen, können Sie zukünftig Ihre Stressreaktionen besser kontrollieren und regulieren, und im Stressnotfall gezielt handeln. Wir stellen Ihnen im Folgenden Methoden zur kurzfristigen Dämpfung einer akuten Stressreaktion vor, aber auch längerfristige Ansätze zur Vorbeugung.

In den folgenden Abschnitten finden Sie das Handwerkszeug, mit dem Sie an den verschiedenen Bereichen arbeiten können.

- Entspannung
- Schlaf
- Bewegung
- Ernährung
- Sofortmaßnahmen für den Stressnotfall

5.1   Warum ist Entspannung so wichtig?

Vergleichen Sie Ihr Stresslevel mit der Saite eines Musikinstruments: Steht sie unter zu wenig Spannung, kann kein Ton erklingen. Unter zu viel Spannung hingegen wird die Saite reißen. Positiver Stress, im Sinne von Herausforderungen und Spannung, gehört zum Leben dazu; der Wechsel zwischen Anspannung und Entspannung bildet eine sinnvolle Einheit: Aufgebaute Spannung entlädt sich in der Entspannung, hier wird wieder Energie gesammelt für neuerliche Anspannung.

Eine häufige Aktivierung des sympathischen Nervensystems, wie in der akuten Stressreaktion, führt unter anderem zu höheren Konzentrationen von Adrenalin und Noradrenalin im Blut sowie in stärkerer Muskelanspannung. Das Gegengewicht dazu schafft gezielte Entspannung, sodass das Gleichgewicht immer wieder hergestellt werden kann. Versäumen Sie dies allerdings langfristig, dann kann ein Teil der physiologischen Reaktionen buchstäblich zum Selbstläufer werden und sich zum Beispiel in chronischen Kopfschmerzen oder Muskelverspannungen manifestieren.

Die Fähigkeit zur Entspannung ist die entscheidende Grundvoraussetzung zur erfolgreichen Stressbewältigung. Und Entspannung ist erlernbar. Diese Fähigkeiten können Sie entwickeln und ausbauen:

- Wahrnehmungsfähigkeit, um Spannungen zu stärken
- Wechsel zwischen Anspannung und Entspannung erkennen
- Entspannung genießen können
- Anspannung und Entspannung gezielt selbst regulieren

Finden Sie Ihre persönliche Entspannungsmethode

Die Vielfalt der möglichen Entspannungsmethoden ist unüberschaubar. Man kann dabei zwischen der passiven und der aktiven Form der Entspannung differenzieren. Passive Entspannung stellt sich sozusagen „nebenbei" ein, wenn Sie etwas tun, worin Sie ganz aufgehen oder das Ihnen Zufriedenheit schenkt, ohne dass Ihr primäres Ziel dabei unbedingt „Entspannung" lautet. Beispiele für diese passive Art von Entspannung sind Musik hören oder selbst musizieren, Spazieren gehen, einen Tag vertrödeln, Kochen, Handwerken oder im Garten arbeiten.

Methoden der aktiven Entspannung setzen Sie hingegen ein, um Ihrem Organismus bei Anspannung einen Ausgleich und Erholung zu verschaffen. Diese Art, Stress systematisch abzubauen, ist langfristig wirkungsvoller, erfordert aber ein gewisses Training im Vorfeld. Von den aktiven Entspannungsmethoden, die Ihnen mehr Entspannung und Gelassenheit bringen können, werden im Folgenden einige ausgewählte, besonders effektive Verfahren vorgestellt.

Bitte machen Sie sich aber bewusst, dass nicht jede Methode für jeden Menschen gleich gut geeignet und wirksam ist. Sie müssen sich daher zunächst die Mühe machen, die für Sie passenden Verfahren zu finden und einzuüben.

Kienbaum Expertentipp: Entspannungsmethoden

In unseren Stressbewältigungsseminaren haben sich folgende Methoden besonders gut bewährt:

- Muskelentspannung
- Autogenes Training
- Atementspannung
- Yogaübungen
- Meditation

Zu diesen Methoden gibt es Einführungskurse von Krankenkassen, Volkshochschulen und Fitnessstudios, in denen Sie die verschiedenen Ansätze und Techniken ausprobieren und herausfinden können, welche für Sie persönlich gut passen.

Muskelentspannung nach Jacobson

Die progressive Muskelentspannung (PME) nach Jacobson ist ein sehr wirksames Instrument zur Reduzierung von Anspannung und Muskelverspannungen. Sie setzt auf der rein körperlichen Ebene der Stressbewältigung an: Durch gezieltes Training machen Sie sich bewusst, wie sich der Übergangsmoment zwischen Anspannung und Entspannung, sowie die Entspannung selbst anfühlt. Der Effekt der zunächst rein körperlichen Entspannung überträgt sich dann auf Ihre Gedanken und Empfindungen und verschafft Ihnen so ein umfassendes Gefühl der Entspannung.

Vorteile der progressiven Muskelentspannung

- Die Methode kommt ohne besondere Hilfsmittel aus.
- Sie ist universell und überall einsetzbar.
- Sie hat keine unerwünschten Nebenwirkungen.
- Sie ist leicht und schnell erlernbar.

Bei den Übungen werden einzelne Muskelgruppen für kurze Zeit (etwa sieben bis zehn Sekunden) bewusst angespannt und danach (für etwa 20 bis 30 Sekunden) wieder entspannt. Bei der mit der Ausatmung verbundenen Entspannung lernen Sie nachzuempfinden, wie die gesamte Spannung im gerade aktivierten Muskel wieder abgebaut wird. Versuchen Sie, den Unterschied zum Zustand der Anspannung deutlich zu spüren. Atmen Sie während der gesamten Übung ruhig und konzentrieren Sie sich auf die Muskelgruppe, die gerade im Mittelpunkt der Übung steht. Beenden Sie Ihre Entspannungsübungen, indem Sie die Augen öffnen, tief durchatmen und Ihren Körper nach allen Seiten recken und strecken. Zu Beginn Ihres Trainings sollten Sie möglichst täglich üben, um ein nachhaltiges Gespür für Ihre Spannungszustände zu entwickeln.

Übungsprogramm: Progressive Muskelentspannung nach Jacobson

- Setzen oder legen Sie sich in einem geeigneten, ruhigen Raum hin. Ziehen Sie dafür bequeme Kleidung an und schalten Sie alle Störfaktoren ab.
- Spannen Sie die Muskeln eines bestimmten Körperteils nach dem Muster „Anspannen – Halten – Loslassen – Nachspüren" an.
- Atmen Sie ein und halten Sie die Anspannung jeweils für ca. 7 – 10 Sekunden.

- Atmen Sie aus, lösen Sie die Spannung und spüren Sie dem Erschlaffen der Muskeln bewusst nach.
- Fahren Sie nach folgendem Schema mit den anderen Muskelgruppen fort. Spannen Sie die Muskeln an, ohne sich dabei zu verkrampfen. Halten Sie die Spannung für ca. 7 Sekunden, lösen Sie diese dann mit der Ausatmung und entspannen Sie sich.
  - Ballen Sie langsam die rechte Hand zur Faust und spannen Sie die Muskeln der rechten Hand und des rechten Unterarmes an. Anschließend verfahren Sie mit dem linken Arm genauso.
  - Runzeln Sie die Stirn, ziehen Sie die Augenbrauen hoch und kneifen Sie die Augenlider zusammen.
  - Drücken Sie den Kopf möglichst fest gegen die Unterlage.
  - Ziehen Sie die Schultern hoch.
  - Winkeln Sie den Unterarm des rechten/linken Armes an und drücken Sie den Ellenbogen gegen die Unterlage.
  - Ziehen Sie die Schulterblätter zusammen und schieben Sie Ihr Brustbein nach vorne.
  - Ziehen Sie den Bauch ein und drücken Sie mit der unteren Rückenpartie sanft nach unten.
  - Ziehen Sie den rechten/linken Fuß in Richtung Schienbein.
  - Strecken Sie den rechten/linken Fuß, beugen Sie die Zehen und drehen Sie den Fuß leicht nach innen.
- Wenn Sie sich durch alle Muskelgruppen durchgearbeitet haben, wandern Sie gedanklich durch Ihren gesamten Körper und genießen Sie den tiefen Entspannungszustand. Versuchen Sie sich dieses Gefühl einzuprägen.
- Zum Schluss der Übung sollten Sie sich langsam wieder „zurückholen". Fangen Sie behutsam an, sich zu dehnen und zu räkeln und aktivieren Sie Ihren Körper langsam wieder.

Sobald Sie die Technik der progressiven Muskelentspannung beherrschen, können Sie das Prinzip der Übungen schrittweise in Ihren Alltag übertragen. Versuchen Sie so oft wie möglich, sich an das Gefühl der nachlassenden Anspannung zu erinnern. Verbinden Sie das Gefühl mit einem bestimmten Bild oder Wort – so erfinden Sie Ihr eigenes „Antistresskommando" und belegen es mit dem angenehmen Gefühl der Entspannung.

Beispiel: Übertragung der Entspannung in den Alltag

Wenn Sie in der Lage sind, den Entspannungszustand in einer völlig ruhigen und ungestörten Umgebung herbeizuführen, üben Sie das Entspannen als nächsten Schritt in einer etwas schwierigeren Situation, z. B. während Sie in einer Warteschlange stehen oder im hektischen Berufsverkehr zur Arbeit fahren. Steigern Sie auf diese Weise die Herausforderung von Woche zu Woche. Mit ausreichender Übung werden

Sie schließlich in der Lage sein, auch in Situationen, in denen Sie eine starke Anspannung empfinden, etwa kurz vor einer wichtigen Präsentation, sich selbst „auf Kommando" zu beruhigen.

Die Methode der PME können Sie in zahlreichen Kursen erlernen oder Ihr Selbststudium zu Hause mit Anleitungen aus Büchern und CDs unterstützen.

Autogenes Training

Eine weitere wirksame Möglichkeit zur aktiven Entspannung ist das autogene Training. Diese Methode zielt darauf ab, Ihr vegetatives Nervensystem, also die autonom ablaufenden Körperfunktionen (wie Herzschlag, Atmung, Blutdruck) zu regulieren und auf diese Weise Entspannung zu finden. Für viele Menschen ist diese Methode allerdings recht schwierig zu erlernen – der Grund liegt auf der Hand: Bewusst die Hand zur Faust zu ballen, fällt uns zunächst leichter, als durch Konzentration unseren Herzschlag zu verlangsamen, der ja nicht per se unseren bewussten „Befehlen" folgt.

Mit regelmäßiger Übung kann es Ihnen aber tatsächlich gelingen, durch die gezielte Vorstellung bestimmter Veränderungen in Ihrem Körper diese Veränderungen herbeizuführen. Die wichtigsten Bilder, die im autogenen Training verwendet werden, sind Wärme und Schwere – möglicherweise funktionieren bei Ihnen aber auch ganz andere Vorstellungen besser, um sich in einen Entspannungszustand zu versetzen.

Beispiel: Schwereübung

Legen oder setzen Sie sich entspannt hin und geben Sie sich etwas Zeit, um zur Ruhe zu kommen. Fangen Sie dann damit an, folgende Formel in Gedanken aufzusagen:

- Mein rechter Arm ist schwer (5- bis 7-mal wiederholen)
- Mein linker Arm ist schwer (5- bis 7-mal wiederholen)
- Beide Beine sind schwer (5- bis 7-mal wiederholen)

Auf Ihren Körper hat diese Übung folgende Wirkung: Durch die gedankliche Beeinflussung Ihres Nervensystems erweitern sich Ihre Blutgefäße. Das wiederum erhöht das Blutvolumen, wodurch ein Schweregefühl entsteht.

Auch diese Methode können Sie in verschiedenen Kursen erlernen und durch Selbststudium zu Hause mit Anleitungen aus Büchern und CDs unterstützen.

Atementspannung

Eine der einfachsten und gleichzeitig sehr wirksamen Methoden zum Umgang mit Anspannung ist das richtige Atmen – so banal es auch klingen mag. Wenn Sie lernen, Ihre Atmung zu kontrollieren, haben Sie schon ein sehr wirksames Werkzeug für den Abbau körperlicher Spannungszustände. In der Regel atmen wir nämlich unbewusst flacher, sobald wir uns unter Druck gesetzt fühlen. Dadurch gelangt weniger Sauerstoff in den Blutkreislauf und damit auch ins Gehirn. Gleichzeitig steigt durch den Stress unsere Herzfrequenz, der Blutdruck erhöht sich, ein Gefühl der Anspannung resultiert. Durch tiefes, gleichmäßiges und bewusstes Atmen können Sie das vermeiden.

Übung: Antistressatmung – Atmen Sie sich frei!

- Legen oder setzen Sie sich bequem hin, legen Sie eine Hand auf Ihren Bauch und die andere auf Ihre Brust.
- Atmen Sie durch die Nase ein und durch den Mund wieder aus. Achten Sie dabei darauf, dass sich die Hand auf Ihrem Bauch hebt und senkt und die Hand auf Ihrer Brust nicht bewegt – das ist Bauchatmung.
- Atmen Sie ein und zählen Sie dabei in Gedanken bis drei.
- Legen Sie dann eine kleine Atempause ein. Halten Sie dabei jedoch die Anspannung. Während Sie ausatmen, zählen Sie im gleichen Tempo bis vier.
- Lösen Sie die Anspannung.
- Wenn Sie die einsetzende Entspannung fühlen, stellen Sie sich vor, dass die Anspannung mit jedem Ausatmen aus Ihrem Kopf herausströmt.
- Nach einer kleinen Pause beginnen Sie die Übung von vorn.
- Wiederholen Sie diese Übung ein paar Minuten lang und integrieren Sie die bewusste Atemeinheit so oft wie möglich in Ihren Alltag.

Entscheidend bei dieser Übung ist die Gleichmäßigkeit – dann finden Sie von ganz alleine in Ihren eigenen Rhythmus.
Bitte denken Sie auch im Alltag daran, sich zwischendurch immer wieder Frischluftpausen zu verschaffen! Unser Gehirn braucht regelmäßig Sauerstoff, um funktionstüchtig zu bleiben: Sauerstoff-

mangel führt indes schnell zu Kopf- und Gliederschmerzen, Ermüdungserscheinungen und Konzentrationsschwäche.

Kienbaum Expertentipp: Atemtechnik für den Stressnotfall

Atmen Sie ganz langsam durch die Nase ein und füllen Sie mit einem tiefen Atemzug Ihre Lunge, so weit Sie nur können. Halten Sie den Atem für einige Sekunden an. Dann atmen Sie langsam durch leicht geöffnete Lippen aus und pressen Sie nach und nach alle Luft aus Ihrer Lunge heraus – bis auf den allerletzten Rest. Wenn Sie denken, Sie sind komplett leer geatmet – es geht noch ein bisschen weiter! Wiederholen Sie diese langsamen Atemzüge einige Male und atmen Sie dann wieder normal weiter.

Yogaübungen

Das Wort Yoga stammt aus dem indischen Sanskrit und bedeutet so viel wie „verbinden". Dies beschreibt bereits das Ziel dieser fernöstlichen Bewegungsphilosophie: Körper und Geist in Einklang zu bringen. Yoga kann Ihnen durch die Konzentration auf bewusstes Atmen und durch die Abstimmung der eigenen Bewegungen auf den Atem helfen, Ihren Körper zu entspannen und Sie insgesamt zu beruhigen. Sie wirken damit den Folgeerscheinungen von Stress entgegen und beeinflussen Ihre Gesundheit positiv.

Viele Yogaübungen beruhen auf dem Wechsel zwischen Anspannung und Entspannung und mindern so die Aktivität des sympathischen Nervensystems. Die Dehnung der Muskeln und Bänder verbessert zudem die Beweglichkeit und fördert die Durchblutung. Gleichzeitig werden die inneren Organe aktiviert, was wiederum einen positiven Einfluss auf die Atmung hat.

Yoga sollten Sie idealerweise durch die Teilnahme an einem Anfängerkurs erlernen und zunächst unter Anleitung praktizieren. Anschließend können Sie die Übungen auch zu Hause durchführen. Im Folgenden stellen wir Ihnen einige leichtere Yogaübungen vor, die Sie ganz einfach im Alltag oder sogar im Büro durchführen können.

Übung: Bürovariante der Katze

Rücken Sie an die vordere Kante Ihres Bürostuhls. Öffnen Sie die Beine hüftbreit und achten Sie dabei darauf, dass Ihre Knie einen rechten Winkel bilden. Lassen Sie die Arme seitlich hängen. Beim Einatmen rollen Sie die Schultern nach hinten, blicken nach oben und machen ein Hohlkreuz. Beim Ausatmen rollen Sie die Schultern nach vorne und machen einen Katzenbuckel, senken den Kopf und ziehen den Bauch ein. Wiederholen Sie diese Übung fünfmal. So mobilisieren Sie Ihre Wirbelsäule, lockern die Schultern, öffnen den Brustkorb und vertiefen Ihre Atmung.

Übung: Bürovariante der Vorbeuge

Rücken Sie an die vordere Kante Ihres Bürostuhls. Öffnen Sie die Beine hüftbreit und achten Sie dabei darauf, dass Ihre Knie einen rechten Winkel bilden. Verschränken Sie die Hände hinter dem Rücken. Beim Einatmen richten Sie den Rücken auf und blicken zur Decke. Beim Ausatmen beugen Sie sich mit geradem Rücken nach vorne. Dabei dehnen Sie die Arme weit nach hinten und entspannen Ihren Nacken. Halten Sie diese Position fünf Atemzüge lang und wiederholen Sie die Übung fünfmal. Damit dehnen und entspannen Sie Ihre Schulter- und Brustmuskulatur, verbessern die Durchblutung von Kopf, Nacken und Schultern und verschaffen sich neue Energie.

Übung: Kindhaltung

Knien Sie sich auf eine weiche Unterlage und setzen Sie sich mit dem Po auf die Fersen. Beugen Sie sich langsam mit dem Oberkörper nach vorne und legen Sie die Hände entspannt nach hinten ab. Atmen Sie tief durch die Nase ein und aus und zählen Sie dabei jeweils mindestens bis sechs. Halten Sie diese Position für fünf bis zehn Minuten. Sie dehnen damit Ihren gesamten Rücken, lösen Verspannungen, beruhigen sich und finden tiefe Entspannung.

Übung: Wechselatmung

Setzen Sie sich gerade hin und schließen Sie die Augen. Heben Sie dann die rechte Hand und schließen Sie mit dem rechten Daumen das rechte Nasenloch. Atmen Sie durch das linke Nasenloch 4 Sekunden lang ein und füllen Sie Ihre Lunge damit zu etwa 3/4. Anschließend schließen Sie beide Nasenlöcher mit dem Daumen und dem Ringfinger und halten die Luft 4 Sekunden lang an, bevor Sie das rechte Nasenloch wieder öffnen und durch dieses 8 Sekunden lang ausatmen. Leeren Sie dabei Ihre Lunge (fast) vollständig. Wiederholen Sie die Übung mit wechselnden Nasenlöcher einige Male. Diese Wechselatmung hilft Ihrem Körper, die Lungenkapazität zu erhöhen und die Atmung unter Kontrolle zu bringen. Gerade die Perioden des Atemanhaltens sind ein gutes Training für Herz und Kreislauf. Geistig fördert die Wechselatmung besonders Ihre Konzentrationsfähigkeit und hilft Ihnen, innere Ruhe und Kraft zu finden.

Yoga wird in speziellen Yogastudios angeboten, inzwischen aber auch in Fitnessstudios, von Krankenkassen oder Volkshochschulen. Testen Sie mit Probestunden, welche der zahlreichen Variationen Ihnen am meisten zusagt (Hatha, Ashtanga, Shivananda, Power-Yoga …). Wenn Sie damit beginnen wollen, Yoga zu praktizieren, achten Sie vor allem auf gut ausgebildete Lehrer, die Sie beim Üben korrigieren.

Meditation

Meditation wird seit Tausenden von Jahren praktiziert, auch wenn dies in der westlichen Welt erst seit den letzten Jahrzehnten langsam an Akzeptanz gewinnt. Meditation zielt darauf ab, ein inneres Gleichgewicht zwischen Körper und Geist herzustellen und so zu mehr Ruhe und Gelassenheit zu verhelfen.

Mit regelmäßig ausgeübter Meditation können Sie positiv auf geistige und körperliche Stresssymptome einwirken. Meditation hilft Ihnen beim Lösen von Spannungen und Ängsten sowie beim Abbau von stressbedingten Funktionsstörungen wie Schlaflosigkeit oder Bluthochdruck. Gleichzeitig trainieren Sie beim Meditieren Ihre Konzentrationsfähigkeit.

Übung: Einstieg in die Meditation

- Suchen Sie sich einen ruhigen Ort, an dem Sie nicht gestört werden.
- Nehmen Sie eine bequeme Sitzposition ein.
- Konzentrieren Sie sich auf ein Objekt, ein Geräusch, einen Gedanken oder ein Wort.
- Bleiben Sie für ca. 15 – 20 Minuten in dieser Haltung.
- Falls Ihnen andere Gedanken „dazwischenkommen", lassen Sie sie einfach weiterziehen.

Es gibt viele verschiedene Arten der Meditation. Allen gemeinsam ist das Ziel, das eigene Bewusstsein voll und ganz auf ein bestimmtes Objekt oder einen Gedanken zu konzentrieren. Meditation ist also eine Art sehr intensiver Betrachtung.

Eine sehr einfache und für Einsteiger geeignete Methode der Meditation ist die Konzentration auf das eigene Atmen und das Zählen der Atemzüge.

Übung: Atemmeditation

- Setzen Sie sich bequem hin und schließen Sie Ihre Augen.
- Konzentrieren Sie sich auf Ihre Atmung und fangen sie an, Ihre Atemzüge zu zählen – bis Sie bei zehn angelangt sind. Beginnen Sie dann wieder bei eins.
- Versuchen Sie auf diese Weise ca. 20 Minuten zu meditieren. Üben Sie möglichst täglich.

Zu Beginn wird es Ihnen sicherlich schwerfallen, sich nur auf Ihre Atemzüge und das Zählen zu konzentrieren. Es werden Ihnen immer wieder Gedanken dazwischenfahren. Lassen Sie sich davon nicht entmutigen. Üben Sie weiter: Es dauert einige Zeit, bis Sie sich wirklich nur auf sich konzentrieren können, ohne sich ablenken zu lassen.

Kurze Entspannungseinheiten für den Alltag

Ausgerechnet in den Momenten, in denen wir die größte Hektik erleben und dringend eine Auszeit bräuchten, erlauben wir uns diese meist nicht. Dabei brauchen Sie in diesen Situationen eigentlich nur den Mut, „Stopp!" zu sagen, tief durchzuatmen und eine kurze Auszeit einzuschieben. Die wenigen Minuten, die Sie dadurch verlieren, holen Sie um ein Vielfaches wieder herein, weil Sie danach mit größerer Konzentration und frischer Energie wieder bei der Sache sind. Probieren Sie die verschiedenen Methoden einmal aus. Vielleicht ist eine dabei, die Sie in Ihren Alltag einbauen können.

Tennisball

Nehmen Sie einen Tennisball in die Hand und drücken Sie ihn zehn Sekunden lang so fest Sie können. Dann lösen Sie langsam wieder die Anspannung Ihrer Finger und der gesamten Hand. Versuchen Sie, das Gefühl der Entspannung aus der Hand durch den Rest Ihres Körpers fließen zu lassen. Diese Technik basiert auf dem Prinzip der progressiven Muskelentspannung nach Jacobson.

Kutscherschlaf

Mit dem Kutscherschlaf tanken Sie in einer kurzen, leistungsfördernden Tagschlafphase neue Energie. Keinesfalls darf das „Nickerchen" allerdings so lange dauern, dass Sie in eine erste Tiefschlafphase fallen. Setzen Sie sich für die Übung auf einen Stuhl und stellen Sie beide Beine breit und fest auf den Boden. Stützen Sie sich mit den Unterarmen auf den Oberschenkeln auf und beugen Sie sich mit dem Oberkörper nach vorne (Kutscherhaltung). Nehmen Sie anschließend Ihren Schlüsselbund in die Hände und schließen Sie die Augen. Sobald Ihr Körper die maximal mögliche Entspannung erreicht hat, verlieren Sie die Kontrolle über Ihre Muskeln und befinden sich exakt am Übergang in eine erste Schlafphase. Bevor Sie aber in diese hinübergleiten, erwachen Sie vom Geräusch des herunterfallenden Schlüssels.

Stretching

Setzen Sie sich gerade auf Ihren Bürostuhl und verschränken Sie die Hände im Nacken. Versuchen Sie dann langsam, Ihre Ellenbogen vorne vor der Nase zusammenzuführen. Dabei atmen Sie gleichmäßig ein und aus und konzentrieren sich auf den leichten Zug in Ihren Nackenmuskeln. Während des Einatmens lockern Sie die Position wieder ein wenig. Wiederholen Sie diese Übung zehnmal.

Augenentspannung

Diese kurzen Übungen zur Entspannung Ihrer Augen können Sie in Ihren Arbeitsalltag einbauen:

- Fixieren Sie einen weit entfernten Punkt für einige Sekunden und blinzeln Sie dabei häufig.
- Schließen Sie die Augen und verdecken Sie sie mit den Handballen, indem Sie diese gegen die inneren Wangenknochen und die Nasenwurzel drücken. Ihre Augen können sich nun in der „dunklen Höhle" entspannen. Genießen Sie die Dunkelheit für einige Augenblicke, gönnen Sie Ihren Augen die Entspannung und atmen Sie tief durch. Anschließend nehmen Sie die Hände von den Augen und blinzeln behutsam wieder in die Umgebung.
- Drücken Sie mit den Fingerspitzen gegen den Knochen der Augenhöhle oberhalb Ihrer Lider, ungefähr in der Mitte der jeweiligen Augenbraue.

Time-out

Setzen Sie sich in einen bequemen Stuhl, schließen Sie die Augen
und spüren Sie einige Momente nur Ihrem Atem nach. Dann öffnen
Sie die Augen und lassen den Blick schweifen. Sehen Sie die einzelnen Gegenstände im Raum ganz genau an. Gehen Sie – in Gedanken – in Zeitlupentempo auf sie zu und betrachten Sie Dinge, die Sie
sonst kaum noch bemerken, als ob Sie sie zum ersten Mal sehen. Wo
haben Sie diese Dinge her? Was verbinden Sie mit ihnen?

Phantasiereise an einen schönen Ort

Gehen Sie auf eine „innere Reise". Stellen Sie sich diese Situation vor:

- Sie befinden sich an einem Ort, den Sie als besonders angenehm
  empfinden.
- Schauen Sie sich an diesem schönen Ort um: Faulenzen Sie,
  sehen Sie den Wolken nach, schnuppern Sie die frische Luft etc.
- Nach ein paar Minuten öffnen Sie langsam die Augen und keh-
  ren wieder in die vertraute Wirklichkeit zurück.
- Achten Sie darauf, langsam aufzustehen, damit Ihnen nicht
  schwindelig wird.

Entschleunigen

Dreht sich die Welt um Sie herum immer schneller? Dann hetzen Sie
nicht mit, sondern schalten Sie bewusst auf Schneckentempo um.
Flanieren Sie langsam durch die U-Bahn-Gänge oder die Fußgän-
gerzone und beobachten Sie das hektische Gewimmel um Sie herum. Setzen Sie sich im Park auf eine Bank und tun Sie eine Viertel-
stunde lang gar nichts. So finden Sie wieder zu sich selbst und zu
den wesentlichen Dingen des Lebens zurück.

5.2   Können Sie Stress ausschlafen?

Während des Schlafens laufen unsere körpereigenen Reparaturme-
chanismen auf Hochtouren. Im Gehirn finden wichtige Verarbei-
tungsprozesse statt und das Immunsystem entwickelt neue Abwehr-
zellen. Zu wenig und/oder unregelmäßiger Schlaf wirkt sich daher
negativ auf unsere Leistungsfähigkeit aus. Akuter und chronischer

Stress stören unsere Schlafqualität, was wiederum die Leistungsfähigkeit beeinträchtigt und unser Stressempfinden erhöht.

Beispiel: Zu wenig Schlaf

Nicht genügend erholsamer Schlaf führt zu Müdigkeit, woraus wiederum eine geringere emotionale Belastbarkeit resultiert: Wir haben das Gefühl, viel schneller gestresst zu sein und nehmen die Stressbelastung wesentlich stärker wahr. Dies erhöht dann auch noch die Anfälligkeit für weitere Stressauslöser – kennen Sie den Teufelskreis?

Wie viel Schlaf brauchen Sie – und wann?

Unser vom Gehirn gesteuerter individueller Biorhythmus bestimmt den Wechsel zwischen Wachsein und Schlaf, der entscheidend ist für unseren Energiehaushalt. Schlafforscher sind sich einig, dass jeder Mensch einen persönlichen Schlafrhythmus und eine individuelle optimale Schlafdauer besitzt. Der durchschnittliche Schlafbedarf eines erwachsenen Menschen liegt bei sieben bis acht Stunden; manche Menschen brauchen jedoch nur sechs Stunden, andere hingegen neun oder sogar zehn. Unser individueller Schlafbedarf ist in erster Linie konstitutionell bestimmt und sollte nicht ignoriert werden. Auch durch Training lässt er sich nicht verringern, ohne dass der Organismus Schaden erleidet.

Sie sollten deshalb anhand der folgenden Übung zunächst feststellen, wie Ihr persönlicher Schlafrhythmus und Ihr individueller Schlafbedarf aussehen. Vielleicht brauchen Sie nicht besonders viel Schlaf, möglicherweise gehören Sie aber auch zu den wenigen Menschen, die zehn Stunden und mehr benötigen, um wirklich erholt aufzuwachen. Wenn Sie zu den Menschen mit erhöhtem Schlafbedarf gehören, sollten Sie sich darauf einstellen und Ihren Lebensrhythmus darauf abstimmen.

Übung: Wie viel Schlaf brauchen Sie?

Ihr persönlicher Schlafbedarf ist die Menge an Schlaf, nach der Sie von allein aufwachen und sich ausgeruht fühlen. Um Ihren Schlafbedarf zu bestimmen, sollten Sie ins Bett gehen und sich fünf Stunden später wecken lassen. Beobachten Sie dann, wie Sie sich den ganzen Tag lang fühlen. In der Regel wird sich herausstellen, dass Sie nicht genug Schlaf hatten. Wiederholen Sie den Test eine Woche später mit sechs Stunden Schlaf. Möglicherweise wird auch das nicht genügen. Setzen Sie Ihren Test fort, indem Sie Ihre Schlafdauer pro Woche jeweils um eine Stunde heraufsetzen. Sie werden den Punkt finden, an dem das Aufwachen Ihnen leichtfällt und Sie sich den ganzen Tag lang ausgeruht fühlen.

Sie sollten unbedingt eine persönliche Schlafroutine entwickeln. Nur durch ein einigermaßen regelmäßiges Schlafmuster können Sie Ihre innere Uhr stabilisieren. Dabei ist es weniger wichtig, ob Sie zu den frühen Vögeln oder zu den Nachteulen zählen. Private oder berufliche Erfordernisse werden Sie ohnehin immer wieder zu Kompromissen zwingen. Ihr Job gibt Ihnen vermutlich weitgehend vor, wann Sie zu Bett gehen und wann Sie aufstehen müssen. Nichtsdestotrotz ist es ganz entscheidend, dass Sie zunächst einen grundsätzlich für Sie passenden Schlaf-Wach-Rhythmus etablieren, von dem Sie dann im Bedarfsfall abweichen können.

Beispiel: Passen Sie Ihren Schlafbedarf flexibel an

Sie sind ein Abendmensch, müssen aufgrund von beruflichen Reisen jedoch häufig um 5 Uhr aufstehen. Wenn Sie deshalb um 22 Uhr ins Bett gehen, um ausreichend Schlaf zu bekommen, werden Sie sich vermutlich zwei Stunden lang halbwach herumwälzen. In dieser Situation sollten Sie lieber ausnahmsweise ein paar Stunden Schlaf weniger in Kauf nehmen und später zu Bett gehen. Wenn dies allerdings zu oft passiert, wird Ihr Körper Ihnen signalisieren, dass Sie eine andere Lösung finden müssen, um Ihr Wohlbefinden zu erhalten.

Tipps für erholsamen Schlaf

Wenn Ihr Schlaf Ihnen nicht die Erholung bringt, die Sie brauchen, können Sie auf viele Faktoren Einfluss nehmen. Wir haben für Sie verschiedene Tipps zusammengestellt, wie Sie gut schlafen können:

- Assoziieren Sie „ins Bett legen" mit „schlafengehen" und nicht mit Frühstücken, Lesen, Arbeiten oder Fernsehen. Also: Keine Aktivitäten wie Lesen, Fernsehen etc. im Bett. Ausnahmen bestehen selbstverständlich im Hinblick auf Zweisamkeit. Wichtig ist aber, dass Ihr Gehirn „Bett" grundsätzlich mit „Schlafen" assoziiert.
- Schaffen Sie ein Umfeld, das Ihnen guten und erholsamen Schlaf ermöglicht: ruhige Wohlfühlumgebung (nötigenfalls mit Ohr-

stöpseln), angenehme und saubere Bettwäsche, guter Duft, zum Schlafen geeignete Raumtemperatur (nicht zu warm).

•   Schlafen Sie tagsüber nicht: Insbesondere falls Sie unter Einschlaf- oder Durchschlafschwierigkeiten leiden, sollten Sie sich unbedingt wach halten, bis Ihre individuelle „Bettzeit" erreicht ist.

•   Vermeiden Sie Sport oder Saunabesuche kurz vor dem Schlafengehen, da Sie dadurch Ihren Körper in einen Aktivitätszustand versetzen.

•   Nehmen Sie keine größeren Mengen an Alkohol und Koffein vor dem Schlafengehen zu sich. Sie sollten insbesondere kein Muster in Ihrem Denken entwickeln, bei dem Sie Alkohol mit anschließendem Schlafen assoziieren.

•   Schlaf-Snacks: Bestimmte Nahrungsmittel wirken beruhigend auf das vegetative Nervensystem. Milchprodukte und (Trocken-) Früchte wie Bananen, Datteln und Feigen enthalten Trypthophan. Dieser Eiweißbaustein ist eine Vorstufe zu Serotonin, das wiederum in Melatonin umgewandelt wird. Dieses Hormon schaltet unseren Organismus auf Erholung um und kann schlaffördernd wirken.

•   Entwickeln Sie Ihre persönlichen Rituale vor dem Zubettgehen, die Sie auf den Schlaf einstimmen: Füllen Sie sich eine Wärmflasche, lesen Sie ein paar Seiten, nehmen Sie ein heißes Bad, schreiben Sie Tagebuch, hören Sie ein Hörbuch ...

•   Damit Ihre innere Uhr im Takt bleibt, sollten Sie sich jeden Tag eine Zeit lang bei Tageslicht im Freien aufhalten – auch bei schlechtem Wetter!

•   Halten Sie sich im Umgang mit schlaffördernden Medikamenten zurück: Im Ausnahmefall kann die Einnahme beruhigender Mittel sinnvoll sein, um überhaupt einmal schlafen zu können und dem Organismus eine Ruhepause zu gönnen. Die regelmäßige Einnahme führt jedoch schnell zu psychischer Abhängigkeit und verschlechtert die Schlafqualität weiter. Die Einnahme schlaffördernder Medikamente sollten Sie in jedem Fall mit Ihrem Arzt besprechen!

Was tun gegen Einschlafschwierigkeiten?

Einschlafschwierigkeiten können sowohl exogene Ursachen (z. B. Lärm) als auch endogene Ursachen (z. B. Grübeleien) haben. Sie können beim erstmaligen Einschlafen auftreten oder sich als Durchschlafschwierigkeiten äußern – wenn Sie nachts aufwachen und dann nicht wieder einschlafen können. Bei gelegentlichen Einschlaf- oder Durchschlafschwierigkeiten helfen Ihnen möglicherweise die folgenden Techniken:

- Lenken Sie Ihre Aufmerksamkeit auf Ihre Atmung. Legen Sie Ihre Hände auf den Bauch und spüren Sie Ihren Atem. Versuchen Sie dabei, regelmäßig zu atmen. Wenn Sie nach ca. zehn Minuten noch nicht eingeschlafen sind, probieren Sie eine weitere Übung aus: Setzen Sie sich im Bett auf und lassen Sie den Kopf bei geöffnetem Mund langsam in den Nacken fallen. Danach richten Sie ihn langsam wieder auf, ohne ihn nach vorne zu neigen. Sie werden unweigerlich gähnen, und das fördert Ihre Entspannung. Wiederholen Sie diese Übung einige Male.
- Wenn Sie sich mehr als eine Stunde lang im Bett herumwälzen und nicht einschlafen können, gilt in jedem Fall: Verlassen Sie das Bett und werden Sie aktiv! Das ist sinnvoller, als wenn Sie sich damit quälen, nicht einschlafen zu können. Tun Sie etwas, wozu Sie sonst nicht kommen: Tagebuch schreiben, lesen, E-Mails beantworten, bügeln etc. Das wird Sie beruhigen und lässt Sie im Idealfall müde werden. Wenn Sie wach und müde zugleich im Bett liegen bleiben, werden Sie mit der Zeit Schlaflosigkeit und Unwohlsein mit Ihrem Bett assoziieren, statt Ruhe und Entspannung. Verhindern Sie also die Entwicklung solcher Denkmuster.
- Führen Sie in schlaflosen Zeiten ein Schlaftagebuch, in dem Sie festhalten, was Ihnen möglicherweise den Schlaf raubt. Schreiben Sie Ihre Gedanken und Sorgen auf und entscheiden Sie sich dafür, diese am nächsten Tag anzugehen. Dann können Sie das Problem vielleicht eher ruhen lassen.
- Nutzen Sie Aromatherapie oder pflanzliche Mittel: Ein warmes Bad mit Lavendelextrakt oder ein Taschentuch mit einigen Tropfen ätherischen Lavendelöls neben dem Kopfkissen hat eine schlaffördernde Wirkung. Auch Teemischungen aus bestimmten

Heilpflanzen (z. B. Melisse, Lavendel, Hopfenzapfen, Baldrian) oder warme Milch mit Honig können Ihre Schlafbereitschaft fördern.

Die meisten Menschen leiden gelegentlich unter Schlafstörungen. Auch mehrmals nachts aufzuwachen, ist völlig normal. Schenken Sie den Schlafstörungen keine übermäßige Beachtung, sonst werden sie leicht zum Selbstläufer. Sie können den Schlaf niemals herbeizwingen und „aktiv" einschlafen, daher sollten Sie sich eine passive Einstellung bewahren. Wenn sich Ihre Schlafstörungen verselbständigt haben und Sie glauben, wirklich regelmäßig zu wenig Schlaf zu bekommen, sollten Sie mit Ihrem Arzt darüber sprechen.

Kienbaum Expertentipp: Seien Sie geduldig!

Erzeugen Sie keinen zusätzlichen Stress durch selbstgemachten Druck, wenn Sie nicht schlafen können. Machen Sie sich keine Sorgen über zu wenig Schlaf und darüber, am nächsten Tag weniger leistungsfähig zu sein. Ab und zu ist weniger Schlaf nicht schlimm. Wichtig ist, dass Sie die Situation akzeptieren und wache Zeiten sinnvoll nutzen, statt sich genervt „herumzuwälzen".

5.3   Können Sie dem Stress davonlaufen?

Unsere ursprüngliche körperliche Reaktion auf Stressbelastung verlangt nach Bewegung: Stress ist eine physiologische Reaktion des Körpers, die uns auf Angriff oder Flucht vorbereitet, wie es zu Urzeiten notwendig war. Als ob es um das pure Überleben ginge – dabei steht heute oft nur Ihr Vorgesetzter vor Ihnen. Oft haben wir auf hohem Stressniveau bei sitzender Tätigkeit zu wenige Möglichkeiten, die entstehenden Energieüberschüsse abzuarbeiten.
Diesen Zusammenhang können Sie sich zunutze machen: Regelmäßige Bewegung hilft Ihnen, die unter Stress zur Verfügung gestellte überschüssige Energie abzubauen. Durch Sport erhöhen Sie also Ihre Widerstandskraft gegenüber den Belastungen des Alltags.
Mit Bewegungstraining und gezieltem Entspannungstraining im Wechsel können Sie die Ausgeglichenheit Ihres sympathischen Nervensystems fördern. Durch die dabei erzielte Entspannung der Mus-

keln und Beruhigung der Atmung erreichen Sie eine Normalisierung des gesamten Systems.

Welche gesundheitlichen Vorteile erlangen Sie durch maßvolles Bewegungstraining?

- Senkung von Blutdruck, Blutfett und Blutzuckerspiegel
- Kräftigung des Herzmuskels und höhere Pumpleistung
- Verbesserung des Fettstoffwechsels
- Reduktion des Körperfettanteils und erhöhter Kalorienverbrauch
- Verringerte Ausschüttung von Stresshormonen, Stärkung der Killerzellen des Immunsystems
- Erhöhung des Wachzustands und Verbesserung der Konzentrationsleistung
- Stärkere Durchblutung des Gehirns
- Regulierung des vegetativen Nervensystems und Förderung des hormonalen Gleichgewichts
- Verbesserte Muskelentspannung und -durchblutung

Treiben Sie regelmäßig Sport

Mit gezieltem Bewegungstraining verhält es sich ähnlich wie mit den Entspannungsmethoden: Nicht jede Aktivität macht jedem Spaß und ist für jeden geeignet. Sie sollten sich daher die Mühe machen, verschiedene Sportarten auszuprobieren: Finden Sie heraus, was Ihnen Spaß macht und guttut. Suchen Sie sich eine Sportart, mit der Sie sich anfreunden können – sonst wird Ihnen der „innere Schweinehund" immer wieder im Wege stehen. Es gibt dafür eine ganz einfache Regel: Die für Sie am besten geeignete Sportart erkennen Sie daran, dass Sie sie auch tatsächlich durchführen, ohne sich jedes Mal zum Training quälen zu müssen!

Checkliste: Welche Sportart passt zu mir?

- Wie oft kann ich realistischerweise pro Woche trainieren?
- Wie hoch darf der organisatorische Aufwand sein?
- Will ich im Freien oder drinnen trainieren?
- Bin ich an bestimmte Trainingstage gebunden?
- Welche Kosten dürfen maximal entstehen/wie viel Geld bin ich bereit, maximal auszugeben?

- Trainiere ich lieber alleine oder in der Gruppe?
- Kann ich das Training auch durchführen, wenn ich auf Reisen bin?
- Welche Art von Ausgleich brauche ich?
- Welche Art von Bewegung macht mir Spaß?
- Welches Trainingsziel setze ich mir (Kraft, Ausdauer, Beweglichkeit)?

Generell sind für den Stressabbau insbesondere Ausdauersportarten förderlich, wie Laufen, Radfahren, Schwimmen und Wandern.

Kienbaum Expertentipp: Fangen Sie langsam an!

Überfordern Sie sich am Anfang nicht. Wenn Ihr Körper durch Bewegungsmangel lange unterfordert war, können Sie nicht sofort mit starker körperlicher Belastung einsteigen. Sonst werden Sie schnell erschöpft sein und die Lust verlieren, ganz abgesehen von den schädlichen Auswirkungen auf Ihren Organismus und dem Verletzungsrisiko.

Setzen Sie sich zu Beginn ein realistisches Ziel und erstellen Sie z. B. mithilfe eines Laufratgebers oder eines erfahrenen Trainers einen regelmäßigen Trainingsplan, den Sie auch einhalten können. Planen Sie am Anfang ausreichende Pausen ein und steigern Sie die Intensität ganz langsam. Setzen Sie sich ein Ziel, z. B.: Nach fünf Wochen möchte ich 30 Minuten am Stück laufen können!

Beispiel: Lauftraining für Einsteiger

1. Woche Dauer: 30 Minuten
　　　　　Häufigkeit: 2 x (z. B. Mittwoch und Sonntag)
　　　　　1 Minute Laufen, 1 Minute Gehen im Wechsel
2. Woche Dauer: 30 Minuten
　　　　　Häufigkeit: 2 x (z. B. Mittwoch und Sonntag)
　　　　　2 Minuten Laufen, 1 Minute Gehen im Wechsel
3. Woche Dauer: 30 Minuten
　　　　　Häufigkeit: 2 x (z. B. Mittwoch und Sonntag)
　　　　　3 Minuten Laufen, 1 Minute Gehen im Wechsel

Steigern Sie auf diese Weise die Dauer der Laufintervalle, bis Sie ohne Pause 30 Minuten durchlaufen können. Dies wird einige Zeit dauern. Aber so gewöhnen Sie Ihren Körper langsam an die Belastung und werden nicht gleich nach den ersten Laufrunden frustriert abbrechen.

Bewegungstipps für alle Sportarten

- *Regelmäßigkeit*: Unabhängig für welche Aktivität Sie sich letztlich entscheiden: Sie sollten sie regelmäßig durchführen, idealerweise dreimal pro Woche mindestens jeweils 30 Minuten lang. Falls Sie das nicht schaffen, realisieren Sie aber lieber eine kurze Einheit zwischendurch, anstatt den Sport am betreffenden Tag mit schlechtem Gewissen komplett ausfallen zu lassen. Trainingseffekte verschwinden sofort, wenn Sie nur wenige Tage nicht trainiert haben. Dies sollten Sie aber nicht als Ausrede nutzen, um dann überhaupt nicht wieder einzusteigen – sie lassen sich nämlich ebenso schnell wieder reaktivieren …
- *Viel trinken*: Gleichen Sie unbedingt den Verlust an Flüssigkeit aus, den Ihr Körper durch das Schwitzen bei sportlichen Aktivitäten erfährt. Vergessen Sie nicht, während und nach dem Training ausreichend zu trinken – am besten Wasser oder, wenn Ihnen das zu fade ist, Schorlen.
- *Steigerung*: Steigern Sie langsam die Dauer und Intensität. Gerade am Anfang werden Sie dazu tendieren, sich zu überfordern. Lassen Sie das. Sie würden erschöpft abbrechen müssen und es im schlechtesten Fall nicht noch einmal probieren, sicherlich aber den Spaß verlieren.
- *Abwechslung*: Vermeiden Sie einseitiges Training. Versuchen Sie, sich einen Trainingsplan zusammenzustellen, der verschiedene Körperbedürfnisse berücksichtigt. Eine fest etablierte Ausdauersportart wird Ihnen helfen, Stress abzubauen. Ergänzen Sie diese nach Möglichkeit durch eine Sportart, die Ihnen physische Kraft und einen verbesserten Muskelaufbau verschafft. Vielleicht bauen Sie auch eine Aktivität ein, bei der der Spaßfaktor im Vordergrund steht, wie z. B. Beachvolleyball oder Tanzen.
- *Schlau machen*: Zu fast allen Sportarten finden Sie jede Menge Literatur. Besorgen Sie sich einen Ratgeber und informieren Sie sich über Ausrüstung, Technik, positive Wirkungen und sinnvollen Trainingsaufbau.

Bringen Sie Bewegung in Ihren Alltag

Anders als unsere frühen Vorfahren reagieren wir unseren Stress nicht mehr in jedem Fall durch physische Aktivität ab. Unser Ausgleich beschränkt sich, wenn wir ihn überhaupt bekommen, oft auf das Joggen nach der Arbeit oder den Gang ins Fitnessstudio. Dadurch bleibt die Stressreaktion des Körpers länger erhalten als ursprünglich geplant; es fällt uns schwerer, wieder „abzuschalten" und vom Stresszustand „runterzukommen".

Wenn Sie es also schaffen, regelmäßige sportliche Aktivitäten in Ihren Alltag zu integrieren, haben Sie damit viel gewonnen. Aber auch kleinere körperliche Bewegungseinheiten, die Sie sozusagen nebenbei erledigen können, haben einen positiven Effekt. Einmal die Treppen in den fünften Stock hoch zu laufen, bringt tatsächlich mehr, als sich ständig fest vorzunehmen, abends schwimmen zu gehen und es dann doch nicht zu tun. Versuchen Sie, mindestens einmal am Tag so richtig aus der Puste zu kommen.

Übung: Bequeme Gewohnheiten im Alltag und ihre Alternativen

Betrachten Sie sowohl Ihren Arbeits- als auch Ihren privaten Alltag. An welchen Stellen könnten Sie bequeme Gewohnheiten durch zusätzliche Bewegungsmomente ersetzen? Wo verschenken Sie Bewegungsmöglichkeiten, die Ihnen bei der Bewältigung Ihrer Aufgaben eigentlich zugute kommen könnten? Beschreiben Sie die Situation und entwickeln Sie Handlungsalternativen, die Ihnen mehr körperliche Aktivität ermöglichen würden!

Die Situation	Mögliche Alternativen
• Ein Kunde ruft an, ich sitze eine halbe Stunde am Telefon.	• Aufstehen und beim Telefonieren hin- und hergehen • Muskelentspannungs-/Büro-Yogaübungen
• Ich nutze den Fahrstuhl, um ins Büro zu gelangen.	• Mindestens dreimal in der Woche die Treppen nutzen
•	•
•	•

Was tun, wenn der „innere Schweinehund" im Wege steht?

* Vereinbaren Sie Termine mit sich selbst und tragen Sie sie in Ihren Kalender ein! Ihre Sport-Dates mit sich selbst sollten Ihnen genauso wichtig sein wie ein Arzttermin oder ein Kundenmeeting. „Habe ich heute Lust zum Training, passt es mir gerade?" Solche Fragen können Sie sich dann einfach sparen.
* Verabreden Sie sich mit anderen! Bei manchen Sportarten macht gemeinsames Training mehr Spaß, und Sie kommen weniger in Versuchung, das Training einfach sausen zu lassen.
* Legen Sie sich Anti-Ausreden zurecht (z. B. „Ich kann nicht Laufen gehen, weil es regnet? Danach stelle ich mich doch sowieso unter die Dusche!").
* Belohnen Sie sich für gemeisterte Etappenziele! Bauen Sie beispielsweise in Ihren Trainingsplan nach jedem Abschnitt einen Massagetermin ein.
* Führen Sie sich die positiven Effekte vor Augen, die mit Ihrem Bewegungstraining verbunden sind: „Ich werde bald ausgeglichener sein und mich besser fühlen. Außerdem wollte ich schon lange etwas für einen strafferen Körper tun."

5.4 Gesunde Ernährung für mehr Widerstandskraft

Zweifellos ist eine gesunde Ernährung wichtig für unser Wohlbefinden und ein effektives Stressmanagement. Doch sicher haben Sie genügend private und berufliche Stressfaktoren – lassen Sie sich also nicht noch zusätzlich durch Ernährungsfragen unter Druck setzen! Es gibt so viele Ernährungsratgeber, dass man gar nicht mehr hinterherkommt, alle neuen und erfolgversprechenden Ernährungsphilosophien und Diäten auszuprobieren. Essen Sie dies nicht, essen Sie das nicht – ein ständiges Bombardement von neuen Ernährungsvorschriften setzt uns unter Stress. Dabei reichen einige wenige Grundregeln, um sich ausgewogen und gesundheitsbewusst zu ernähren.

Diese Regeln sind weder innovativ noch kompliziert – sie kommen aus der traditionellen Ernährungslehre. Die gute Meldung ist: Eine gesunde Ernährung tut Körper und Geist wohl und macht Sie stressresistenter.

Grundregeln für eine ausgewogene Ernährung

- Essen Sie möglichst vielseitig und abwechslungsreich.
- Essen Sie möglichst regelmäßig.
- Essen Sie reichlich Getreideprodukte und Kartoffeln.
- Essen Sie möglichst fünf Portionen Obst und Gemüse am Tag.
- Essen Sie täglich Milchprodukte, ein- bis zweimal pro Woche Fisch.
- Genießen Sie Fleisch, Wurstwaren und Eier – aber in Maßen.
- Nehmen Sie möglichst wenig Fett und fettreiche Lebensmittel zu sich.
- Genießen Sie Zucker und Salz in Maßen.
- Achten Sie auf Ihr Körpergewicht.
- Bewegen Sie sich möglichst viel.

Ernährungshinweise der Deutschen Gesellschaft für Ernährung

Es reicht, wenn Sie diese Grundregeln beachten und ansonsten das essen, was Ihnen schmeckt (es sei denn, medizinische Gründe sprechen dagegen). Verbieten Sie sich nichts kategorisch. Halten Sie nicht ständig spezielle Diäten ein: Ihre Gedanken würden sonst hauptsächlich ums Essen kreisen, Sie könnten keine Einladungen mehr genießen und hätten ständig ein schlechtes Gewissen.

Wenn Sie sich bestimmte Lebensmittel verbieten, werden Sie nur noch mehr Lust auf genau diese Dinge bekommen. Sie brauchen „ungünstige" Lebensmittel nicht völlig zu streichen – es reicht aus, sie sparsam zu dosieren.

Hören Sie auf Ihren Körper

Ihr Körper verrät Ihnen, was ihm guttut – hören Sie auf ihn! Kinder haben meist noch ein gutes Gespür für ihren Körper. Vielen Erwachsenen ist das abhanden gekommen, u. a. auch durch das Befolgen von Regeln wie: „Aufessen, sonst gibt es morgen keinen Sonnenschein." Die körpereigenen Meldungen sind dabei aber sehr wertvoll:

- Achten Sie auf Ihr Sättigungsgefühl! Es stellt sich erst ca. 20 Minuten nach der Nahrungsaufnahme ein.
- Fragen Sie sich, ob Sie Hunger haben oder nur Appetit auf ein bestimmtes Lebensmittel: Würden Sie auch den Apfel essen wollen oder nur die Schokolade? Falls nur die Schokolade: Wie werden Sie sich fühlen, wenn Sie sie gegessen haben – droht ein schlechtes Gewissen? Dann lassen Sie sie lieber liegen ...

An manchen Tagen klappt es jedoch einfach nicht, sich „vernünftig" zu ernähren. Das ist auch gar nicht weiter schlimm. Sie sollten nur grundsätzlich eine ausgewogene Linie in Ihr Ernährungsverhalten bringen. Der Versuch, die eigenen Ernährungsgewohnheiten zu abrupt und zu umfangreich zu ändern, setzt den Körper nur unter Stress. Dasselbe gilt für Ernährungsmaßnahmen, die sehr aufwendig sind. Versuchen Sie lieber, peu à peu Kleinigkeiten zu ändern, z. B. nicht jedes Mal einen Schokoriegel zu essen, wenn Sie am Arbeitsplatz der Heißhunger überfällt. Greifen Sie stattdessen zu einer Tüte Studentenfutter – Nüsse sind gesund und getrocknete Früchte enthalten wenig Fett.

Sind Sie ein Stressesser?

Wenn Sie zu der Spezies der „Stressesser" gehören, greifen Sie oft zu schnell verfügbaren, in der Regel süßen und fettreichen, Lebensmitteln. „Fun-Food" wie Schokolade, Kuchen und Cola beeinflussen die biochemischen Vorgänge im Gehirn und veranlassen die Freisetzung von Glückshormonen, unserer köpereigenen Aufputschmittel, die die Stimmung heben. Aber spätestens nach zwei Stunden fällt der Blutzuckerspiegel wieder und der Körper setzt erneut das Stresshormon Cortisol frei. Dadurch wiederum werden verschiedene Botenstoffe aktiviert, die das Hungergefühl noch verstärken.

„Stresshungerer" dagegen bringen bei Stress meistens keinen Bissen herunter. Stresshungern kann durch sehr schwerwiegende Stressauslöser hervorgerufen werden oder auch an sehr hektischen Arbeitstagen durch das Gefühl, keine Zeit zum Essen zu haben bzw. dadurch, es schlichtweg zu vergessen.

> **Kienbaum Expertentipp: Einfluss von Stressreizen**
>
> Häufig hängt es vom Stressor ab, ob man bei Stress eher mehr isst oder
> aber hungert. Besonders starke Stressreize (etwa der Tod eines Angehö-
> rigen oder große emotionale Belastungen wie z. B. Trennungen) hem-
> men häufig das Essverhalten, während „leichtere" Auslöser (Zeitdruck,
> Überlastung) zu vermehrtem Essen führen.

Die negativen Auswirkungen von „ungesunder", also unregelmäßiger und unausgewogener Ernährung auf den Körper sind inzwischen sehr gut erforscht. Sie liegen darin begründet, dass wir unter
Stressbelastungen dazu neigen, grundsätzlich entweder zu wenig
oder zu viel und in der Regel ungesunde Nahrungsmittel zu uns zu
nehmen. Stressesser essen schneller und damit mehr, sie kauen weniger und belasten dadurch die Verdauungsvorgänge. Vielleicht
gehören Sie auch zu den Menschen, die im akuten Stressmoment zu
Süßigkeiten, Kaffee oder Alkohol greifen, um die empfundene
Spannung zu lindern – was in der Regel kurzfristig auch gelingt.
Langfristig werden Sie jedoch unter den Auswirkungen dieser Lebensweise leiden.

Ernährung als Stresskiller

Ernährung kann Stress verstärken, erwiesenermaßen aber auch reduzieren. Wegen der zahlreichen biochemischen Vorgänge, die
während einer Stressreaktion in unserem Körper ablaufen, haben
wir unter Stress einen erhöhten Bedarf an Kohlenhydraten, Vitaminen und Mineralstoffen. Auf diese Weise wird jede Stressreaktion
zum regelrechten Energiefresser, und hier spielt jetzt die Nahrungs-
mittelauswahl eine ganz entscheidende Rolle. Wenn der Körper
nämlich optimal mit Nährstoffen versorgt ist, ist unsere Stressto-
leranz deutlich höher.

Die Rolle der Stresshormone und Botenstoffe

Bei jeder Stressreaktion erhöht sich der Anteil bestimmter Hormone
und Botenstoffe im Körper, beispielsweise steigt der Spiegel der
Stresshormone Adrenalin und Cortisol. Botenstoffe (Neurotrans-
mitter), zu denen auch das unmittelbar an der Stressreaktion betei-
ligte Noradrenalin gehört, sorgen für die Kommunikation der Ner-

venzellen untereinander und tragen Informationen im Gehirn und im Nervensystem biochemisch weiter. Unser Körper produziert sie aus bestimmten Eiweißbausteinen (Aminosäuren). Einige der bekannteren Botenstoffe sind zum Beispiel Endorphine, Dopamin und Serotonin.

Beispiel: Serotonin

Serotonin ist ein Botenstoff, dessen Konzentration unseren Gefühlszustand erheblich beeinflusst und viel mit unserem Stresserleben zu tun hat. Ein ansteigender Serotoninspiegel hat starke Auswirkungen auf die Stimmung: Serotonin wird häufig auch als „Glückshormon" bezeichnet. Es kann die Konzentrationsfähigkeit steigern und wirkt sich auf den Schlaf-Wach-Rhythmus aus. Ein zu niedriger Serotoninspiegel lässt dagegen Stresshormone wie Adrenalin oder Cortisol ungebremst ansteigen.

Eiweißbausteine sind also unentbehrliche Lieferanten für die Bildung von wichtigen Botenstoffen. Besonders gut damit versorgen können Sie sich durch Kombinationen aus tierischem und pflanzlichem Eiweiß, wie z. B. Müsli + Milch, Vollkornbrot + Käse, Kartoffeln + Quark.

Die Rolle der Kohlenhydrate

Für die Freisetzung der Botenstoffe im Gehirn benötigen wir Kohlenhydrate. Zum Beispiel ist die Aminosäure Tryptophan als grundsätzlicher Baustein des Serotonins unentbehrlich. Damit dieser Eiweißbaustein aber überhaupt ins Gehirn gelangen kann, braucht unser Körper Insulin, das wiederum nur durch die Zufuhr von Kohlenhydraten ausgeschüttet wird.

Dies erklärt, warum wir in Stresssituationen meist instinktiv nach leicht verfügbaren Kohlenhydraten wie z. B. Süßigkeiten greifen. Sie führen zu einem schnellen Aufbau von Botenstoffen. Unser Blutzuckerspiegel steigt rasch an, fällt aber auch relativ schnell wieder ab, was anschließend zu Müdigkeit, Konzentrationsschwäche und Leistungsabfall führt.

Beispiel: Schokolade

So erklärt sich auch die stimmungsaufhellende Wirkung von Schokolade. Sie enthält Tryptophan. Durch den ebenfalls enthaltenen Zucker – schnell verfügbare Kohlenhydrate – gelangt das Tryptophan ins Gehirn und wird in Serotonin umgewandelt. In der Folge erleben wir eine positive Stimmung – die aber nicht lange anhält, auch nicht nach größeren Mengen von Schokolade (schon allein wegen des schlechten Gewissens nicht).

Sinnvoller nutzen wir also sogenannte komplexe Kohlenhydrate, wie wir sie mit Getreideerzeugnissen, Kartoffeln, Obst und Gemüse zu uns nehmen. Sie sorgen dafür, dass der Blutzuckerspiegel langsamer ansteigt und länger konstant bleibt – sie sind also eher „Dauerbrenner".

Antistress-Ernährungstipps

- Verteilen Sie viele regelmäßige kleinere Mahlzeiten über den Tag. So vermeiden Sie Heißhungerattacken und hastiges Schlingen, weil Sie völlig ausgehungert sind.
- Essen Sie nicht im Stehen oder Gehen, oder während Sie etwas anderes tun (mailen, lesen, fernsehen, im Internet surfen, telefonieren …).
- Versuchen Sie, auch während eines hektischen Arbeitstages, das Essen nicht zu vergessen. Dies gilt besonders für „Stresshungerer" – wenn Sie dazu zählen, verabreden Sie sich zum Beispiel für die Mittagspause oder tragen Sie eine Erinnerung in Ihren Kalender ein. Auch wenn Ihnen der Stress buchstäblich die Kehle zuschnürt: Versuchen Sie, wenigstens eine Kleinigkeit zu essen, und wenn es nur ein paar Trockenfrüchte sind.
- Nehmen Sie möglichst viele pflanzliche Lebensmittel zu sich.
- Trinken Sie viel! Flüssigkeitsmangel macht Sie müde, Ihr Kurzzeitgedächtnis nimmt ab und Ihre Aufnahmefähigkeit sinkt. Machen Sie es sich zur Gewohnheit, immer eine Flasche Wasser bei sich zu haben – Flüssigkeit ist ein echter Stresskiller!
- Stellen Sie sich eine Auswahl stressreduzierender Snacks zusammen, aus denen Sie abwechselnd auswählen, anstatt jedes Mal zum Schokoriegel zu greifen (z. B. Obst, eine Tüte Studentenfutter, einen Becher Joghurt, eine Brezel). Besonders geeignet sind kohlenhydratreiche, proteinarme Snacks wie Bananen, Datteln oder Feigen.
- Unterstützen Sie Ihren Körper durch Mikronährstoffe: Vitamine, Spurenelemente und Mineralstoffe haben eine große Bedeutung bei der Reduzierung von Stresssymptomen und deren Auswir-

kungen auf das Immunsystem. Selbst bei sehr ausgewogener Ernährung wird heute unser Bedarf an diesen Mikronährstoffen oft nicht vollständig gedeckt. Erhöhte körperliche Belastung und Stressbelastungen führen zu einem höheren Bedarf an diesen Stoffen. Zeitweise kann daher die ergänzende Aufnahme von Mikronährstoffen sinnvoll sein. Lassen Sie sich dazu zum Beispiel in einer Apotheke beraten.

Wichtige Mikronährstoffe

- Stresssituationen erhöhen Ihren Bedarf an bestimmten Vitaminen. Vitamin C beispielsweise benötigen Sie für den Aufbau von Adrenalin und für Ihr Immunsystem. B-Vitamine (B1, B2, B6 und B12) spielen eine große Rolle beim Stoffwechsel der Botenstoffe. Die Vitamine A, C, und E wirken gegen „oxidativen" Stress, der in den Körperzellen entsteht, wenn in Belastungssituationen nicht genügend Schutzstoffe (Antioxidantien) aufgenommen werden.

- Spurenelemente wie Zink und Selen stärken die in Stressphasen meist geschwächte Immunabwehr und vermindern entzündliche Prozesse.

- Mineralstoffe wie Magnesium, Kalium und Kalzium sind an zahlreichen körperlichen Vorgängen rund um die Stressreaktion beteiligt und sorgen für Ausgeglichenheit und Entspannung. Besonders Magnesium ist ein wahrer Antistressmineralstoff. Es fördert die Sauerstoffversorgung der Muskeln und hemmt die Ausschüttung der Stresshormone Adrenalin und Noradrenalin.

5.5 Sofortmaßnahmen für den akuten Stressnotfall

Die Teilnehmer unserer Stressbewältigungsseminare möchten normalerweise ihre persönliche Stressproblematik sofort angehen und wünschen sich dafür wirksame Instrumente, mit denen sie in Zukunft im Stressnotfall reagieren können. Für den langfristigen Erfolg der Stressbewältigung ist es unserer Erfahrung nach sehr wichtig, dass Sie sich viel Zeit nehmen für Ihre persönliche Ursachenforschung und die Analyse Ihrer Stressreaktionen.

Daneben ist es aber durchaus sinnvoll, durch einige wenige Methoden Ihre Stressbelastung sofort zu mindern. Wir stellen Ihnen hier einigen Techniken der kurzfristigen Erleichterung vor. Damit können Sie in konkreten Situationen die Stressnotbremse ziehen, bereits auftretende Stressreaktionen dämpfen und eine weitere Eskalation verhindern.

- Spontane Entspannung
  Wenn Sie eine der in Kapitel 5.1 vorgestellten Entspannungstechniken erlernen, können Sie daraus Kurzformen ableiten und sicher einüben. Im Stressnotfall können Sie diese Übungen dann auf ein „Entspannungs-Kommando" hin abrufen.
    - Tief einatmen und ganz langsam ausatmen.
    - Langsam rückwärts von 100 bis Null zählen.
    - Ein großes Wasser schnell in großen Schlucken trinken. Das zwingt Ihren Organismus, auf parasympathische Steuerung umzuschalten und wirkt beruhigend.
- Positives Selbstgespräch
  Akzeptieren Sie die Situation, in der Sie sich befinden. In der Regel können Sie doch nicht aus ihr heraus. Stecken Sie also nicht den Kopf in den Sand und betrachten Sie sich nicht als Opfer der Situation. Versuchen Sie stattdessen, die Perspektive zu wechseln, und dadurch die Sache in einem anderen Licht zu sehen. Muntern Sie sich selbst auf. Führen Sie einen Reality-Check durch: Sie sind nicht gerade Opfer einer Flugzeugentführung oder eines Raubüberfalls? Ihr Leben ist nicht in Gefahr? Setzen Sie Ihre tatsächliche Situation zu diesen Szenarien in Relation. Das wird Sie beruhigen. Wichtige Strategien und Instrumente in diesem Zusammenhang finden Sie in Kapitel 3.3.
    - Statt: „Das geht bestimmt schief", sagen Sie sich: „Jetzt probiere ich es einfach mal."
    - Statt: „Ich bin so nervös und mein Herz rast", sagen Sie sich: „Bleib ruhig, entspanne Dich – in einer Stunde ist alles vorbei."
    - Statt: „Wie soll ich das bloß alles schaffen?", sagen Sie sich: „Ich bleibe jetzt erstmal ruhig und mache eines nach dem anderen."
    - Statt: „Ich falle gleich um vor Angst", sagen Sie sich: „Mein Leben ist nicht in Gefahr. Alles andere bekomme ich in den Griff."
- Wahrnehmungslenkung
  Distanzieren Sie sich von der Stresssituation und nehmen Sie der Erregung einfach die Energie. Tun Sie kurzfristig etwas ganz anderes und konzentrieren Sie sich voll und ganz darauf. Diese Methode können Sie überall und schnell durchführen. Entwickeln Sie Ihre eigenen Tricks:

- Beobachten Sie den Sekundenzeiger Ihrer Uhr eine Minute lang.
- Schauen Sie aus dem Fenster und konzentrieren Sie sich auf etwas, das Sie sehen.
- Lösen Sie ein Sudoku.
- Verlassen Sie das Büro und holen Sie beim Kiosk gegenüber einen Kaugummi.

• Dampf ablassen

Als alleinige Methode zur Stressbewältigung wäre dies sicher nicht sinnvoll: Eine körperliche Aktivität kann Ihnen aber kurzfristig helfen, angestaute Gefühle abzureagieren. Die Stressreaktion bereitet Sie auf Bewegung vor: Entladen Sie diese bereitgestellte Energie. Diese Methode funktioniert allerdings nur, wenn Sie sich gut unter Kontrolle haben und dadurch nicht neuen Stress produzieren. Ihren Kollegen anzuschreien, ist keine wirksame Methode, Dampf abzulassen.

- Setzen Sie sich in Ihr Auto und schimpfen Sie laut.
- Schließen Sie sich im WC ein, stampfen Sie mit dem Fuß auf und schlagen mit der Faust an die Wand.
- Gehen Sie aus dem Büro und laufen Sie im Gebäude einmal alle Treppen von unten nach oben.

Bitte beachten Sie aber: Diese kurzfristigen Stresskiller sind keine Alternative für langfristige Bewältigungsstrategien! Sie können sie situativ einsetzen, um nicht „überzukochen" und Ihre Situation unter Kontrolle zu halten. Grundlegende Veränderungen können Sie jedoch nur bewirken, wenn Sie sich ernsthaft mit Ihren stressauslösenden Bedingungen und Ihren stressverstärkenden Gedanken auseinandersetzen und individuelle Gegenstrategien entwickeln.

5.6   Ihr persönliches Erholungsprojekt

Ein gesunder Körper ist die grundlegendste und wichtigste Voraussetzung für eine erfolgreiche Stressbewältigung. Deshalb ist es auch zwingend erforderlich, dass Sie Aspekten wie Bewegungsmangel, stressfördernder Ernährung und Schlafmangel aktiv vorbeugen, um gesundheitliche Folgen frühzeitig zu verhindern. Es ist nie zu spät,

Ihre Lebensgewohnheiten zu verändern. Sie müssen sich nur dazu entschließen, dass Sie etwas verändern *wollen*. Damit können Sie sofort beginnen. Planen Sie *jetzt* Ihr persönliches Erholungsprojekt!

Übung: Was werde ich für meine Erholung tun?

Überlegen Sie, welche Instrumente, Techniken und Tipps aus den Bereichen Bewegung, Ernährung, Entspannung und Schlaf Sie spontan angesprochen haben. Wollten Sie vielleicht schon immer einmal Yoga ausprobieren? Lassen Sie seit Jahren mit schlechtem Gewissen (oder auch ohne) das Frühstück ausfallen? Entwickeln Sie einen Fahrplan für Ihre nächsten Schritte – sonst werden Sie sie nie gehen!

Bewegung	Ernährung	Entspannung	Schlaf
Formulieren Sie für jeden Bereich bis zu drei Ziele.			
• Ich werde mindestens zweimal pro Woche laufen gehen. • •	• Ich werde jeden Tag frühstücken. • •	• • •	• • •
Überlegen Sie, welche Vorteile Ihnen Ihre Ziele bringen.			
• Ich werde dabei abschalten können. • Ich werde eine bessere Figur bekommen. •	• • •	• • •	• • •
Wo wird Ihr „innerer Schweinehund" lauern?			
• Keine Zeit. • Kann mich nicht aufraffen. •	• Keine frische Milch im Haus. • Lieber eine halbe Stunde länger schlafen. •	• • •	• • •

So sehen Ihre nächsten Schritte aus:			
• Trainingsplan aufstellen.	• Einkaufen gehen (Obst, Milch, Mixer).	•	•
• Termine im Kalender blocken.	• Rezepte für Fruchtshakes.	•	•
•	•	•	•

Ihr persönliches Erholungsprojekt

Trainingseinheit: Erholungsprogramm

Trainieren Sie nun Ihre Fähigkeit zur Erholung und schaffen Sie damit die entscheidende Grundvoraussetzung zur Stressbewältigung. Stellen Sie sich ein Programm aus den verschiedenen Bausteinen zusammen und probieren Sie es einen Monat lang aus. Prüfen Sie am Ende, welche Maßnahmen Ihnen am meisten geholfen haben, mit Ihrem Stress fertig zu werden.

Probieren Sie die vorgestellten Entspannungsarten aus und etablieren Sie eine Methode fest in Ihrem Alltag.

Trainingseinheit 5: Mein Erholungsprogramm	
1. Mein persönliches Entspannungsprogramm	
Diese Entspannungsmethoden werde ich ausprobieren:	✓
Atementspannung, Übung ____	
Atementspannung, Übung ____	
Yogaübungen	
Muskelentspannung nach Jacobson	
Autogenes Training	
Diese Entspannungsarten helfen mir am besten, mit Stress fertig zu werden:	
_____	
_____	
Entspannungsprotokoll für die Woche von _____ bis _____	
In dieser Woche übe ich _____	

Datum	Zeit	Übung durchge-führt	Wie habe ich mich danach gefühlt?

In den nächsten Wochen werde ich zu festen Zeiten eine Entspannungseinheit einbauen:

Montag	Dienstag	Mittwoch	Donnerstag	Freitag	Samstag	Sonntag

Diese Kurz-Entspannungseinheiten habe ich ausprobiert:	✓
Tennisball	
Kutscherschlaf	
Stretching	
Augenentspannung	
Time-out	
Entschleunigen	

Diese kleinen Ruheinseln werde ich künftig so oft wie möglich in meinen Arbeitstag einbauen:

_____

_____

Gesunder, erholsamer und ausreichender Schlaf ist eine weitere wichtige Grundvoraussetzung für erfolgreiche Stressbewältigung. Es gibt viele verschiedene Methoden, um zu einem erholsamen Schlaf zu gelangen. Finden Sie heraus, welche für Sie die geeignete ist und machen Sie sich diese zur Gewohnheit.

2. Mein persönliches Programm für erholsamen Schlaf	
Ich etabliere dieses Ruheritual vor dem Zubettgehen:	✓
In einem Buch lesen	
Die Gedanken des Tages in einem Tagebuch festhalten	
Ein Entspannungsbad nehmen	
Ein Hörbuch/schöne Musik hören	
Einen kurzen Spaziergang um den Häuserblock	

.....

Ich habe festgestellt, wann meine „idealen" Schlafzeiten sind:

Ich habe festgestellt, wie viele Stunden Schlaf ich benötige, um mich danach wirklich ausgeruht und leistungsfähig zu fühlen:

Ich schaffe diese Rahmenbedingungen für erholsamen Schlaf:	✓
• Ein angenehmes Umfeld	
• Gar kein oder wenig Alkohol	
• Verzicht auf Koffein bzw. Genuss nur vormittags	
• Tagsüber nicht schlafen	
• Kein Sport und keine Saunabesuche vor dem Schlafengehen	
• Keine regelmäßige Einnahme von Schlafmitteln	
Diese Methoden gegen Einschlafschwierigkeiten habe ich ausprobiert:	✓
• Atemübung	
• Aufstehen und aktiv werden	
• Schlaftagebuch führen	
• Persönliche Rituale entwickeln	
• Aromatherapie	
• Schlaf-Snacks	
• Schlaffördernder Tee/Warme Milch mit Honig	
• Pflanzliche Mittel	
• Tägliche Aufenthalte an der frischen Luft	
Diese Methoden haben sich bei mir als wirkungsvoll erwiesen:	

Überwinden Sie Ihren körperlichen und geistigen Widerstand und bewegen Sie sich regelmäßig: Bewegung ist das, wozu Ihr Körper für den Stressfall programmiert ist. Finden Sie das für Sie geeignete Bewegungsprogramm heraus und machen Sie sich dieses zur Gewohnheit.

3. Mein persönliches Bewegungsprogramm	
Ich werde diese Sportarten ausprobieren:	✓
Laufen	
Nordic Walking	
Schwimmen	
Wandern	
Fitnesstraining	
Tanzen	
Sonstiges:	
Sonstiges:	
Sonstiges:	

Nachdem ich die Sportarten ausprobiert habe: Wie habe ich mich nach den einzelnen Bewegungseinheiten gefühlt? Was hat mir am meisten Spaß gemacht und warum?

_____

_____

_____

Aus diesen Möglichkeiten stelle ich mir mein persönliches Sport- und Bewegungsprogramm zusammen:

_____

_____

_____

Mein Trainingsplan für die erste Woche:

Montag	
Dienstag	
Mittwoch	
Donnerstag	
Freitag	
Samstag	
Sonntag	

Falls mir mein „innerer Schweinehund" im Weg steht, werde ich Folgendes dagegen tun:

_____

_____

So werde ich mich belohnen, wenn ich mein Bewegungsprogramm die ersten vier Wochen lang durchgehalten habe:

_____

_____

Auch unsere Ernährung hat entscheidenden Einfluss auf unser Stressempfinden und den Umgang damit. Dabei reichen einige wenige Grundregeln, um sich gesundheitsbewusst und stressvorbeugend zu ernähren.

4. Mein persönliches Ernährungsprogramm

Ich werde zukünftig diese Regeln bei meiner Ernährung beachten:

_____
_____
_____
_____
_____

Ich möchte meinen Körper durch diese Mikronährstoffe unterstützen:

_____
_____
_____
_____
_____

6 Stress bei Mitarbeitern erkennen und verhindern

Im beruflichen Leben ist es wichtig, für sich selbst eine gute und gesundheitsfördernde Work-Life-Balance zu finden. Zu diesem Zweck sollte man sich auch stressverstärkende Bedingungen des Arbeitsplatzes und der Arbeitsumgebung bewusst machen, um diese Bedingungen verbessern zu können. Menschen mit Führungsverantwortung müssen dieses Ziel nicht nur für sich selber verfolgen: Zu ihren Aufgaben gehört es, für eine möglichst angenehme Arbeitsatmosphäre zu sorgen und unnötige Stressfaktoren auszuschalten. Die Möglichkeiten, die Ihnen als Führungskraft dafür zur Verfügung stehen, stellen wir Ihnen in diesem Kapitel vor. Darüber hinaus erfahren Sie, wie Sie Stress bei Ihren Mitarbeitern erkennen und gezielt ansprechen können.

6.1 Stress, psychische Erkrankungen und Arbeitsunfähigkeit

Stresserkrankungen am Arbeitsplatz kommen immer häufiger vor. Derzeit leiden etwa 30 Prozent der Deutschen an arbeitsbedingtem Stress. Dies führt nach Schätzungen der europäischen Agentur für Sicherheit und Gesundheitsschutz zu einem durchschnittlichen Arbeitsausfall von vier Tagen pro Jahr und Arbeitnehmer. Durch arbeitsbedingten Stress entstehen damit in Deutschland Kosten von etwa 30 Milliarden Euro jährlich. Es dauert meist etliche Jahre, bis stressbedingte Symptome zu tatsächlicher Arbeitsunfähigkeit führen. Schon lange zuvor ist der entsprechende Mitarbeiter aber nicht mehr in der Lage, seine Arbeitsleistung in vollem Umfang zu erbringen.

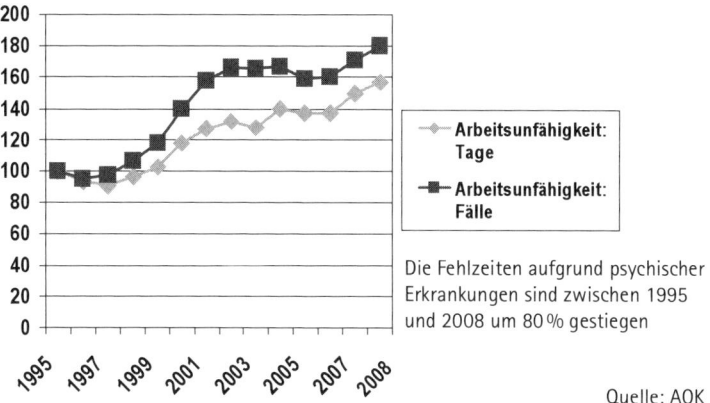

Arbeitsunfähigkeit: Tage

Arbeitsunfähigkeit: Fälle

Die Fehlzeiten aufgrund psychischer Erkrankungen sind zwischen 1995 und 2008 um 80 % gestiegen

Quelle: AOK

Die Zunahme der Fehlzeiten durch psychische Erkrankungen

Tabuthema im Betrieb: Psychische Probleme

Die Prävention und Früherkennung psychischer Beschwerden wird in vielen Unternehmen vernachlässigt. Psychische Probleme wie Depressionen oder Burnout werden trotz der schweren Folgen und Nachteile von betrieblicher Seite kaum thematisiert. Fälle von psychischen Erkrankungen – oder im Extremfall sogar Suizid – werden seitens der wenigsten Unternehmen öffentlich zugegeben.

Beispiel: Suizidserie

Medienwirksam war die Suizidserie bei einem französischen Telekommunikationsunternehmen. Mehr als 20 Mitarbeiter nahmen sich im Jahr 2009 das Leben. In ihren Abschiedsbriefen beschrieben viele von ihnen das ausnehmend schlechte Arbeitsklima als Auslöser für ihre Tat.

Führungskräften kommt im Zusammenhang mit psychischen Problemen und Stress am Arbeitsplatz eine besondere Aufgabe zu: Sie müssen auf ihre Mitarbeiter achten, Warnsignale für psychische Belastungen erkennen und für ein gutes Betriebsklima sorgen.

Erkennen Sie erste Anzeichen für Stress bei Ihren Mitarbeitern

Um Stress aktiv vorzubeugen, können Sie als Führungskraft auf mehreren Ebenen ansetzen. Zum einen haben Sie die Möglichkeit, Ihre Mitarbeiter bei der Entwicklung ihrer Fähigkeiten zur Stressbewältigung zu unterstützen. Zum anderen können Sie Maßnahmen zur Verbesserung des allgemeinen Arbeitsumfeldes ergreifen.

Ganzheitliches Stressmanagement

Das Erleben von Stress gehört zum Arbeitsleben dazu und wirkt bis zu einem gewissen Maße sogar produktivitätssteigernd. Chronischer Stress hingegen ist gesundheitsschädigend. Daher sollten Sie als Führungskraft darauf achten, dass Ihre Mitarbeiter keinen zu intensiven oder zu häufig auftretenden Stressreizen ausgesetzt werden. Diese Prävention erfordert auch das Erkennen erster Anzeichen einer anhaltend überhöhten Beanspruchung. In der folgenden Tabelle finden Sie körperliche und verhaltensbezogene Veränderungen, die durch Stress hervorgerufen werden. Sie können auf zu starke Stressbelastung bei einzelnen Mitarbeitern hinweisen. Beachten Sie dabei jedoch, dass das Stresserleben subjektiv ist. Aggressive Umgangsformen beispielsweise können bei dem einen Mitarbeiter auf Stress hinweisen, bei einem anderen lediglich Zeichen seiner hohen Wettbewerbsorientierung und Extraversion sein.

Übersicht: Anzeichen für Stress
Veränderungen des Körpers
• Erröten oder starke Blässe/„Stressflecken" an Hals und Dekolleté
• Äußere Anzeichen von Müdigkeit durch stressbedingte Schlafstörungen
• Stärkeres Schwitzen/Zittern der Hände
• Appetitlosigkeit, Klagen über Magenschmerzen
• Häufiges an den Kopf fassen als Hinweis auf Kopfschmerzen
• Konzentrationsprobleme
• Weniger gepflegtes Äußeres
• Anzeichen für gesteigerten Alkoholkonsum (z. B. „Fahne", ständiges Kaugummikauen, plötzliches Benutzen starker Parfums)
• Verhaltensweisen, die auf Unwohlsein schließen lassen (den Kopf senken etc.)
Veränderungen des Verhaltens
• Häufiges Kranksein (das Anzeichen schlechthin)
• Zunahme von Fehlern (Flüchtigkeitsfehler)
• Erhöhung der Fehlzeiten/„Dienst nach Vorschrift"/Ausdehnung von Pausenzeiten/Späterer Arbeitsbeginn und früherer Feierabend
• Gereiztheit, Aggressivität, Ungeduld
• Aggressive oder abfällige Äußerungen gegenüber Kollegen und/oder Kunden
• Meiden sozialer Kontakte (kurze Antworten, ausweichendes Verhalten, Ablehnung gemeinsamer Aktivitäten, z. B. gemeinsamer Pausengestaltung)
• Unzuverlässigkeit und geringes Commitment
• Tagträumerei und geistige Abwesenheit

Damit Sie als Führungskraft Stressanzeichen richtig deuten und Ihre Mitarbeiter auf diese ansprechen können, gilt es, in einem ersten Schritt zu klären, wodurch Stress am Arbeitsplatz hervorgerufen werden kann, welche Folgen damit verbunden sind und welche Möglichkeiten Sie haben, Stress zu reduzieren.

Ungünstige oder schädliche Arbeitsbedingungen können durch physikalische Gegebenheiten (Lärm, Hitze etc.) oder durch soziale Faktoren (Teamklima etc.) entstehen. Auch die Fähigkeit des einzelnen Mitarbeiters, mit Stress umzugehen, spielt eine wichtige Rolle. Bei der Gestaltung des Arbeitsplatzes können Sie als Führungskraft zu einer stressarmen Arbeitsatmosphäre beitragen. Hinweise hierzu erhalten Sie in den folgenden Abschnitten.

6.2 Das Arbeitsumfeld

In der heutigen Zeit spielen zwar psychische Stressoren eine immer größere Rolle, die physikalischen Bedingungen sollten aber ebenfalls möglichst stressfrei gestaltet werden. Dazu zählen insbesondere die Vermeidung von Lärm, Hitze und schlechter Beleuchtung und die Bereitstellung ergonomisch gestalteter Arbeitsplätze.

Professionell durchgeführt ist die genaue Untersuchung eines Arbeitsplatzes auf alle relevanten Bedingungen recht umfangreich. Die einzelnen Arbeitnehmer können bereits mit einfachen Mitteln ihren Arbeitplatz auf optimierbare Punkte hin grundlegend prüfen.

Halten Sie Lärmquellen gering

Einer Umfrage der BARMER Ersatzkasse zufolge muss jeder dritte Berufstätige Konzentrationseinbußen – verursacht durch Lärm am Arbeitsplatz – hinnehmen. Verschiedene Studien belegen in diesem Zusammenhang, dass das Arbeiten in Großraumbüros Stress und Unbehagen hervorrufen kann. Arbeitnehmer, die täglich zusammen mit vielen Kollegen in demselben Raum arbeiten, sind weniger produktiv als ihre Kollegen, die sich zu zweit oder zu dritt ein Büro teilen. Australische Wissenschaftler fanden zudem heraus, dass das Arbeiten in Großraumbüros dazu führen kann, dass Mitarbeiter häufiger physisch erkranken. Negativ auf das Wohlbefinden wirkt sich auch das Gefühl des Verlusts der Privatsphäre aus, das mit dem Arbeiten in Großraumbüros oft einhergeht.

> **Kienbaum Expertentipp: Warum uns Handys besonders nerven**
>
> Umgebungsgeräusche erleben wir dann als besonders stressverursachend, wenn sie in unregelmäßigen Abständen und damit unvorhersehbar auftreten, wenn es sich um hohe Töne oder um Sprache handelt, und wenn sich die Schallquelle bewegt. Der Eindruck, vermeidbarem Lärm ausgesetzt zu sein, lässt uns diesen übrigens als besonders störend empfinden – kein Wunder, wenn uns Handytelefonate in unserer direkten Umgebung auf die Nerven gehen.

Sorgen Sie für ein gutes Raumklima

Für eine angemessene Raumtemperatur zu sorgen, sollte nicht schwer sein, sofern nicht die Arbeit selbst Hitze erzeugt (wie z. B. beim Schweißen). Folgende Richtwerte gelten für ein angenehmes Raumklima:

- Relative Luftfeuchtigkeit zwischen 40 und 70 %
- Luftgeschwindigkeit nicht mehr als 0,1 m/sec
- Raumtemperatur zwischen 18 und 24 °C

Außerdem sollte regelmäßig „frischer Wind" ins Büro gebracht, die Fenster also stoßweise geöffnet werden.
Die Luftfeuchtigkeit ist ein wichtiger Faktor des Raumklimas. Eine zu geringe Luftfeuchtigkeit führt langfristig zur Austrocknung der Schleimhäute. Auch Augenbrennen kann die Folge von zu trockener Luft sein. Bei geringer Luftfeuchtigkeit schaffen zum Beispiel Raumbefeuchter einfache Abhilfe.

Richtige Beleuchtung ist wichtig

Das Licht aus Neonröhren ist oft hell und tendiert zum Flackern. Experten arbeiten derzeit daher an Beleuchtungssystemen, die dem natürlichen Licht näher sind. Um gute Sehbedingungen herzustellen, sollte zudem der Bildschirm parallel zur Fensterfront des Arbeitsraumes angeordnet werden, um Reflexblendungen auf dem Monitor und die direkte Blendung durch einfallendes Tageslicht zu vermeiden.

Kienbaum Expertentipp: Ist die künstliche Beleuchtung blendfrei?

Um festzustellen, ob eine Blendung durch Deckenleuchten vorliegt, blicken Sie vom (Bildschirm-)arbeitsplatz aus in horizontale Richtung. Halten Sie dabei Ihre Hand waagrecht oberhalb Ihrer Augen, sodass das Deckenlicht durch sie verdeckt wird. Wenn Sie Ihre Hand wieder wegnehmen und dabei keinen großen Unterschied in der Helligkeit bemerken, ist die künstliche Beleuchtung weitgehend blendfrei. Falls Sie sich durch das Tageslicht geblendet fühlen, können Sie als einfache Gegenmaßnahme Jalousien oder Vorhänge anbringen. Vorhänge sollten wegen ihres Reflexionsgrades aus hellem Stoff bestehen.

An einem Bildschirmarbeitsplatz sollte eine Beleuchtungsstärke von mindestens 500 Lux herrschen.

Tipps für die Schaffung guter Arbeitsbedingungen

- Achten Sie darauf, dass Ihren Mitarbeitern ergonomisch gestaltete Arbeitsmittel und -möbel zur Verfügung stehen.
- Schaffen Sie bei der Gestaltung von Arbeitsplätzen ausreichend Sichtverbindung nach außen, aber auch die Möglichkeit, sich durch Vorhänge oder Jalousien von der Außenwelt abzugrenzen.
- Sorgen Sie für schalltechnisch günstige Arbeitsräume (z. B. durch die Aufstellung von Trennwänden in Großraumbüros).
- Stellen Sie lärmarme Arbeitsmittel zur Verfügung.
- Sorgen Sie dafür, dass Handys auf Vibrationsalarm gestellt und Headsets genutzt werden.
- Stellen Sie sicher, dass Telefonkonferenzen in extra dafür vorgesehenen Besprechungsräumen geführt werden, um die anderen Mitarbeiter nicht zusätzlich zu belasten.
- Bitten Sie Ihre Mitarbeiter, eventuelle private Gespräche in Pausenräumen zu führen, sodass Kollegen nicht abgelenkt werden.
- Lassen Sie Temperatursensoren anbringen und die Parameter für ein optimales Raumklima kontrollieren.
- Nötigenfalls sollten Sie manuell regulierbare Klimaanlagen einbauen lassen.
- Verwenden Sie überwiegend Lichtquellen mit einem warmen Farbspektrum, dies ist generell angenehmer als kaltes weißes Licht.

Optimieren Sie die Arbeitsanforderungen

Jeder Beruf ist mit bestimmten Anforderungen verbunden. Optimalerweise bedeuten diese Anforderungen für den jeweiligen Mitarbeiter Herausforderungen, die ihm bei der Erledigung seiner Aufgaben Erfolgserlebnisse verschaffen. Zu hohe Arbeitsanforderungen führen dagegen langfristig zu Überlastung und Stress. Auch dauerhafte Unterforderung mündet letztlich in Arbeitsunzufriedenheit: Langeweile, z. B. aufgrund monotoner Tätigkeiten, führt langfristig zu einem anhaltenden Zustand der Ermüdung und Antriebslosigkeit oder zu Nervosität und Ruhelosigkeit. Die betroffene Person empfindet ihre Arbeit als sinnlos, unbefriedigend und frustrierend, und rettet sich möglicherweise in den inneren Rückzug, in den „Dienst nach Vorschrift".

Effizienz und Erfolg aus einer Hand: Das Flow-Erleben

Überforderung kann qualitativ bedingt sein (die Aufgaben sind zu schwierig) oder auch quantitativ (das Arbeitspensum ist zu hoch). Überforderung erzeugt Angst und Stress; optimal hingegen sind Aufgaben, die ein sogenanntes „Flow-Erleben" zulassen. Der von dem Psychologen Mihály Csikszentmihalyi geprägte Begriff bezeichnet einen Zustand der Selbstvergessenheit durch das völlige Aufgehen in einer Aktivität. Die Zeit scheint zu verfliegen. Personen im Flow fühlen sich konzentriert und zufrieden.

Überraschenderweise tritt das Flow-Erleben während der Arbeit dreimal so häufig auf wie in der Freizeit. Psychologen versuchen deshalb im Rahmen der Arbeitsgestaltung, Flow-Erlebnisse gezielt zu ermöglichen. Dazu müssen die Anforderungen der jeweiligen Aufgabe mit den Fähigkeiten des Arbeitenden in Übereinstimmung gebracht werden. Voraussetzungen hierfür sind klare und eindeutige Aufgabenstrukturen sowie ein regelmäßiges Feedback zu bisher erzielten Erfolgen. Zur Ermöglichung eines Flow-Zustands sollten ablenkende Gegenstände weitgehend beseitigt werden. Je höher die Anforderungen des Arbeitsplatzes und die Kompetenzen des Mitarbeiters angesiedelt sind, desto größer ist die Wahrscheinlichkeit, dass ein Flow-Erleben entsteht.

Wenn Sie bei einem Ihrer Mitarbeiter Anzeichen von Unter- oder Überforderung erkennen, sprechen Sie ihn offen an und zeigen Sie Veränderungsmöglichkeiten auf. Nachfolgend finden Sie einen Überblick über mögliche Maßnahmen bei Unterforderung.

Bei Unterforderung: Maßnahmen zur Vermeidung bzw. Verringerung von Monotonie

- Jobenrichment (Anreicherung der Arbeitsinhalte)
- Jobenlargement (Erweiterung der Arbeitsinhalte)
- Einräumen von Mitspracherechten
- Gezielte, individuelle Maßnahmen zur Personalentwicklung
- Regelmäßiges Feedback zur Arbeitsleistung
- Einholen regelmäßiger Feedbacks, wie der Mitarbeiter selber seine Arbeitsinhalte erlebt
- Erhöhung der Transparenz, Vermittlung der Sinnhaftigkeit der einzelnen Arbeitsschritte

Kienbaum Expertentipps: Geben Sie konkrete Arbeitsanweisungen

Mangelhaftes Führungsverhalten sollte als potenzieller Stressauslöser nicht unterschätzt werden. Denn unklare Zielvorgaben sowie ein Mangel an Rückmeldungen über erbrachte Leistungen senken die Motivation und verhindern Erfolgserlebnisse. Konkrete Arbeitsanweisungen vermeiden, dass ein Mitarbeiter „in die falsche Richtung arbeitet" und damit Stress und Frustration auf beiden Seiten vorprogrammiert sind.

Sorgen Sie für individuell passende Arbeitsvorgaben

Überlassen Sie dem Mitarbeiter einen (zu) großen Gestaltungsspielraum, macht dies Abweichungen zwischen seinem Arbeitsergebnis und Ihren Vorstellungen wahrscheinlicher. Andererseits fördern Sie durch die Gewährung von Freiräumen die Kreativität und Selbstentfaltung Ihrer Mitarbeiter.

Das richtige Verhältnis von klaren Vorgaben und Gestaltungsspielraum muss individuell angepasst werden, um optimale Arbeitsergebnisse und hohe Arbeitszufriedenheit zu erzielen.

Hohe Arbeitsintensität, geringe Kontrollmöglichkeiten – also ein zu geringer Spielraum im Hinblick auf die Bearbeitungsreihenfolge der Aufgaben und fehlende Möglichkeiten, einen individuellen Arbeitsstil zu entwickeln – führen in Verbindung mit fehlender sozialer Unterstützung zu Stress.

Fördern Sie die soziale Unterstützung

Wir können deutlich besser mit Stress umgehen, wenn wir uns nicht alleingelassen fühlen und auf die Unterstützung durch andere bauen können – das gilt für das private wie das berufliche Umfeld. Soziale Unterstützung fördert das Wohlbefinden und die Selbstwirksamkeitserwartung, damit stärkt sie auch unsere Widerstandsfähigkeit gegenüber potenziell stressauslösenden Situationen. Wir können höhere Belastungen meistern, wenn wir uns des Rückhalts durch andere Menschen sicher sind. Die Pflege sozialer Netzwerke ist bereits ein gutes Mittel zur Stressprävention. Zudem führt die Wahrnehmung der Unterstützung durch andere in einer stressgeladenen Situation dazu, dass wir mit Schwierigkeiten besser umgehen können. Soziale Unterstützung puffert die negativen Aspekte von Belastungen ab.

Kienbaum Expertentipp: Soziale Unterstützung geben

- Geben Sie Ihren Mitarbeitern regelmäßiges Feedback zu ihren Arbeitsleistungen – denken Sie dabei immer daran, positive Dinge besonders hervorzuheben.
- Bieten Sie Möglichkeiten zur Äußerung von Verbesserungsvorschlägen.
- Räumen Sie Ihren Mitarbeitern ausreichend Zeit für die Erledigung ihrer Arbeitsaufgaben ein.
- Geben Sie Ihren Mitarbeitern hinreichend Handlungs- und Gestaltungsspielraum, ohne dabei die Formulierung der Arbeitsaufgaben zu vage zu gestalten.

Sorgen Sie für ein gutes Betriebsklima

Die subjektive Wahrnehmung des sozialen Arbeitsumfeldes bezeichnet man als „Betriebsklima". Ein gutes Betriebsklima ist die Grundlage für gute Arbeitsleistungen und die Vermeidung von Stress durch soziale Konflikte.

Häufige Ursachen für schlechtes Betriebsklima

Ein schlechtes Betriebsklima kann aus verschiedenen Gründen entstehen, beispielsweise durch
- häufiges Arbeiten unter Zeitdruck,
- zu wenige Möglichkeiten, persönliche Belange mit einem Vorgesetzten bzw. einer Vertrauensperson zu besprechen,
- Fehlen einer klaren Informationspolitik seitens der Unternehmensspitze; als Ersatz fungiert der „Flurfunk",
- Missbilligung von Freundschaften oder privaten Kontakten unter Mitarbeitern.

Typische Folgen eines schlechten Betriebsklimas

Ein schlechtes Betriebsklima kann langfristig verheerende Folgen für das gesamte Unternehmen haben:
- Erhöhung der Fehlzeiten
- Zunahme der Fluktuation
- Auftreten konkreter Stresssymptome wie Nervosität, Konzentrationsstörungen oder emotionaler Unausgeglichenheit bei einzelnen Mitarbeitern

- Rückgang der Arbeitsleistung und der Arbeitsmoral („Dienst nach Vorschrift")
- Abnehmen des Commitments und der Identifikation mit dem Unternehmen
- Organisationaler Zynismus (abfällige Bemerkungen der Mitarbeiter untereinander über das Unternehmen)

Kienbaum Expertentipps: „Schwätzchen" unter Kollegen tolerieren

Ein gutes Verhältnis zu seinem Vorgesetzten und zu den Kollegen ist wichtig für das subjektive Wohlbefinden. Bereits ein Schwätzchen mit den Kollegen kann stressreduzierend wirken. Wissenschaftliche Untersuchungen belegen, dass der soziale Austausch am Arbeitsplatz außerordentlich wichtig ist.

Fördern Sie gemeinsame Aktivitäten

Eine Methode, den Zusammenhalt innerhalb der Belegschaft und damit die soziale Unterstützung der Mitarbeiter untereinander zu fördern, sind gemeinsame Aktivitäten. Hierzu zählen Trainings (z. B. Outdoor-Übungen), aber auch betriebliche Veranstaltungen (z. B. Sommerfeste).

Etablieren Sie Teamarbeit

Teamarbeit ist ein wichtiges Mittel zur Förderung des Betriebsklimas und der Arbeitsleistung. Andererseits können in Teams auch negative Strömungen auftreten, die sich kontraproduktiv auf den Einzelnen und auf die Gruppe auswirken. Im besten Fall aber tragen die Teammitglieder gemeinsam zu einem Ergebnis bei, wobei jeder Einzelne seinen Freiraum behält.

Teamarbeit trägt zu einem besseren Zusammenwirken der einzelnen Mitarbeiter bei. Das gemeinsame Arbeiten an einem Ziel fördert das Verständnis füreinander, und das Erreichen von Zielen fördert den Zusammenhalt und das „Wir-Gefühl".

Was Sie bei der Bildung von Arbeitsteams beachten sollten, entnehmen Sie der folgenden Checkliste:

Checkliste: Grundlagen erfolgreicher Teamarbeit

- Verantwortungsbewusste Personalauswahl für das Team
- Klarheit über die Aufgaben und Rollen der einzelnen Teammitglieder
- Klarheit in Bezug auf mögliche Hierarchien innerhalb des Teams sowie auf den Gestaltungs- und Handlungsspielraum des Einzelnen
- Einsatz eines kompetenten und von allen Mitgliedern des Teams akzeptierten Teamleiters/-sprechers
- Klärung der Entscheidungskompetenzen des Teamleiters/-sprechers
- Gezielte Maßnahmen zur Teamentwicklung (z. B. Training sozialer und methodischer Kompetenzen, Teamcoaching)
- Partizipation aller Teammitglieder bei Planung und Einführung der Teamarbeit
- Ausreichende Qualifikation und Möglichkeit, die zugeteilten Aufgaben in der gesetzten Zeit und mit den vorhandenen Mitteln zu erreichen, sowohl für das Team insgesamt als auch für das einzelne Teammitglied
- Offener, vertrauensvoller Umgang der Teammitglieder untereinander (keine Cliquenbildung, keine Ausgrenzung einzelner Mitglieder), frühzeitige Ansprache auftretender Konflikte im Team

Kienbaum Kompetenztest: Teamarbeit erfolgreich gestalten

Reflektieren Sie, was Teamarbeit erfolgreich macht!

- Denken Sie zurück an ein Team, in dem Sie einmal waren, das dem Prädikat „Dream-Team" nahegekommen ist. Das Team kann aus den verschiedensten Lebensbereichen kommen, es muss sich nicht auf die Arbeit beziehen. (Ein Beispiel wäre eine Lerngruppe aus der Studienzeit oder eine Volleyballmannschaft.)
- Was hat dieses Team Ihrer Meinung nach so erfolgreich gemacht? Schreiben Sie mindestens drei Merkmale auf, die Ihr Team erfolgreich gemacht haben.

Leistungssteigerung durch Gruppen- und Teamarbeit	
Sachliche Lernwirkungen	**Psychodynamische Wirkungen**
» Bündelung unterschiedlicher Kompetenzen	» Selbstgestaltung, Autonomie
» Gegenseitige Anregung in kreativem Klima	» Vertrauen und offene Kommunikation
» Ständiges Lernen durch Reflexion	» Annerkennung
» Kompetenzsteigerung	» Angenehmes Arbeitsklima
» Arbeitsdisziplin	» Zugehörigkeitsgefühl
» Gemeinsame Verantwortung	» Abwechslung
» Direkte Kommunikation	» Entwicklungschancen
» Klare Zielstellung	» Verständnis für den Anderen
» Übereinstimmung fachlicher und persönlicher Ziele	» Identifikation mit der Aufgabe
» Selbst gesetzte hohe Leistungsstandards	» Sozialer Druck
	» Konkurrenz
	» Herausforderung, Anreiz

Merkmale gestörter Teamarbeit

So wirksam Teamarbeit auch sein kann – sie muss sorgfältig etabliert werden, damit sie ihre Vorteile entfalten kann. Wenn Sie feststellen, dass Ihr Team nicht gut zusammenarbeitet, kann das verschiedene Gründe haben.

Folgende Merkmale können bei schlechter Zusammenarbeit die Ursachen sein:

- Verantwortungsdiffusion:
  Verantwortungsdiffusion und dadurch Zurücknahme der eigenen Arbeitsleistung
- Kampfverhalten:
  Angriffe, Aggressionen, „Killerphrasen", Zynismus, Spott
- Fluchttendenzen:
  Wortgefechte um Detailfragen, Herabwürdigung der Meinung anderer, Verantwortungsdiffusion
- Abhängigkeitsverhalten:
  Beharren auf Richtlinien und Vorschriften, Anpassung ohne innere Überzeugung

- „Freiheitskämpfe":
  Rebellion, Aufsässigkeit, Ablehnung von geltenden Regeln
- Feindliche Haltung:
  Feindliche Haltung gegenüber anderen Kollegen, Cliquenbildung innerhalb des Teams
- „Totstellen":
  Kreativlosigkeit, mangelnde Begeisterung, wenig Commitment und „Überzeugung für die Sache"
- Mobbing:
  Systematische und gezielte Schikanen, z. B. Beleidigungen, Ausgrenzung von einzelnen Teammitgliedern

6.3 Mobbing – ein moderner sozialer Stressor

Beispiel: Mobbing

Karin S. (33) freute sich sehr über ihre Beförderung. Zwar musste sie dazu ihre Abteilung verlassen und in einen anderen, fachlich verwandten Bereich wechseln, empfand aber die neue Tätigkeit als spannende Herausforderung. Karin S. war voller Tatendrang und versuchte, möglichst gute und durchdachte Vorschläge vorzubringen, um ihren neuen Vorgesetzten von sich zu überzeugen. Doch schon kurz nach ihrer Ankunft in der neuen Abteilung zeigten sich die ersten Schwierigkeiten. Sie bekam wiederholt keine Rückmeldungen zu ihren Vorschlägen. Es kam ihr vor, als ignoriere ihr Chef einfach ihre E-Mails und Anrufe. „Warum nur übersieht er mich und meine Vorschläge?", dachte Katrin S. Wenige Wochen später bekam sie nur noch simple Botengänge und Aufgaben übertragen, die sie ganz und gar nicht ausfüllten.

Zudem gab es Unstimmigkeiten mit den neuen Kollegen, die sich als eingeschworene Truppe präsentierten. Nie wurde sie gefragt, ob sie mit zum Mittagessen gehen wollte. Mit der Zeit verstummten selbst Gespräche, wenn Karin S. den Raum betrat. Sie fühlte sich während ihrer Arbeitszeit zunehmend unwohl. Der stille Widerstand gegen sie, die zur Schau getragene Abneigung und die Ungerechtigkeiten waren für sie kaum zu ertragen. Karin S. war kurz davor, zu kündigen.

Das Verhältnis zu Kollegen ist eine wertvolle Ressource, es kann aber auch zur Belastung werden, wenn massive Konflikte entstehen und einzelne Mitarbeiter Spott, Missachtung und Ausgrenzung erfahren.

Mobbing ist ein extremes Beispiel dafür, wie ein Einzelner durch andere unter Stress gesetzt werden kann. Unter Mobbing versteht man das systematische Schikanieren, Benachteiligen, Bedrängen und Missachten eines einzelnen durch seine Kollegen.

Wie entsteht Mobbing?

Mobbing entwickelt sich über einen längeren Zeitraum hinweg. Auslöser kann zunächst ein kleinerer Konflikt zwischen Mitarbeitern sein, zum Beispiel eine Angewohnheit, die den oder die Kollegen stört, oder eine Meinungsverschiedenheit. Wird dieser Konflikt nicht beigelegt und schwelt über eine längere Zeit, kann es dazu kommen, dass der eigentliche Grund für die Unstimmigkeiten aus dem Blickfeld gerät. Es wird dann die Person selbst angegriffen und mit Abneigung und/oder Aggressionen belegt. So kann ein Mensch nach und nach zur allgemeinen Zielscheibe von Spott oder andersartigen verbalen Attacken werden. Systematische Benachteiligungen, soziale Isolation und das Verbünden mit anderen Kollegen gegen den Betroffenen sind typische Mobbing-Handlungen, die starken Stress verursachen und den Betroffenen letztlich möglicherweise sogar zu einem Arbeitsplatzwechsel zwingen.

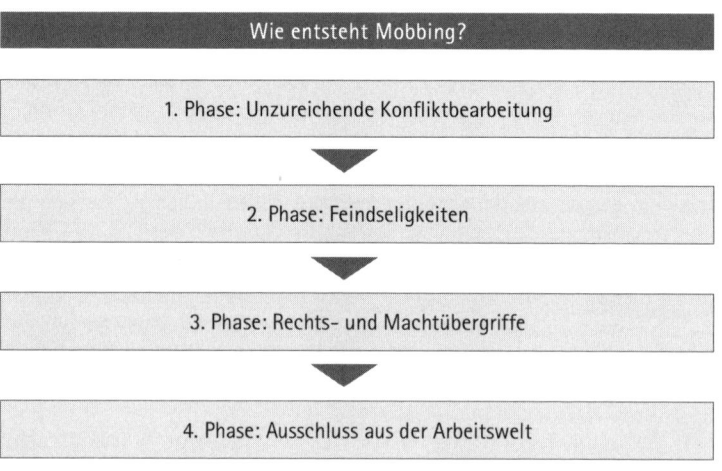

Wie entsteht Mobbing?

1. Phase: Unzureichende Konfliktbearbeitung

2. Phase: Feindseligkeiten

3. Phase: Rechts- und Machtübergriffe

4. Phase: Ausschluss aus der Arbeitswelt

Entstehungsschritte von Mobbing

Mobbingfälle und die damit verbundene Zunahme von krankheits-
bedingten Fehlzeiten und Mitarbeiterfluktuation gehen mit hohen
Kosten für das Unternehmen einher. Typische Folgeerscheinungen
von Mobbing bei den Betroffenen sind:

- Nervosität
- Frustration und Demotivation
- Verunsicherung
- Gefühle von Ohnmacht/Machtlosigkeit
- „Innere Kündigung"
- Leistungs- und Denkblockaden
- Zweifel an den eigenen Fähigkeiten
- Angstzustände
- Konzentrationsprobleme
- Gereiztheit/Aggressivität
- Fehleranfälligkeit
- Schuldgefühle

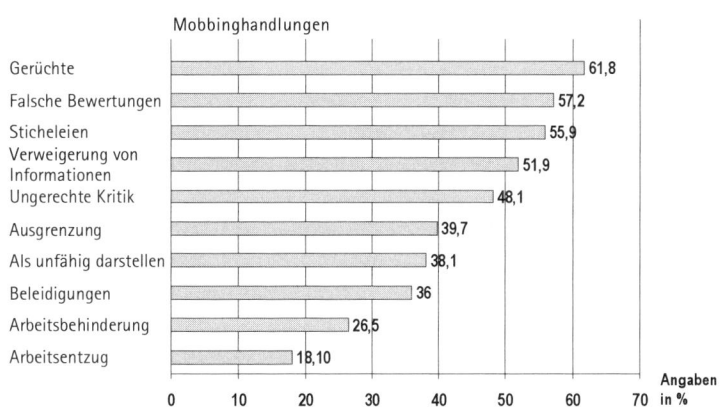

Häufigkeit von Mobbinghandlungen im Vergleich (Befragung von 495 Personen)

Maßnahmen, die Sie als Führungskraft gegen Mobbing ergreifen können

Grundsätzlich lassen sich zwei Ansatzpunkte unterscheiden, um Mobbingfälle zu stoppen beziehungsweise möglichst von vorn herein zu verhindern.

Ist das Mobbing schon im Gange, dann ist die Unterstützung des Opfers bei der Problemansprache und Bewältigung der offenen Konflikte mit den Kollegen essentiell. In diesem Zusammenhang empfiehlt es sich, die Hilfestellung diskret anzubieten, ohne den von Mobbing Betroffenen dadurch unter zusätzlichen sozialen Druck zu setzen.

Um Mobbingfälle schon vorab zu verhindern, ist es lohnenswert, in ein gutes Betriebsklima und eine offene Kommunikationskultur zu investieren: Diese Maßnahmen tragen maßgeblich zur Prävention von Mobbing bei. Hilfreich kann beispielsweise die Einrichtung von Anlaufstellen oder die Ernennung von Ansprechpartnern für Mobbing-Betroffene, beziehungsweise die Einschaltung von Mediatoren für soziale Konflikte sein. Auch die Durchführung regelmäßiger Mitarbeitergespräche und das Pflegen einer offenen Feedback-Kultur sind wertvolle Präventionsmaßnahmen. Wichtig ist zudem, dass durch das Management eine klare Position gegen Mobbing bezogen wird.

Beispiel: Mobbing – Die Ursachen herausfinden

Karin S., die sich in ihrer neuen Abteilung weder von ihrem Chef noch von ihren Kollegen akzeptiert fühlte, vertraute sich einer Freundin aus ihrer alten Abteilung an. Die Freundin wies sie auf den Konfliktbeauftragten der Firma hin, der nachfolgend in Gesprächen mit den Mitarbeitern der neuen Abteilung die Ursachen für deren ablehnende Haltung herausfinden konnte: Karin S. hatte die Stelle, ohne es zu wissen, einem im Team beliebten Anwärter „weggeschnappt". Mithilfe einfühlsamer Vermittlung konnte geklärt werden, dass Karin S. von diesem Umstand nichts gewusst hatte und fortan wurde sie in ihrer neuen Abteilung positiver aufgenommen.

Grundsätzlich sind alle Maßnahmen zur Unterbindung von Mobbing, die Sie in diesem Kapitel kennenlernen, gleichzeitig von Nutzen bei der Prävention. Denn auch Überlastung und unklare Zielvorgaben verschlechtern tendenziell das Betriebsklima und begünstigen Mobbing. Sie fördern Stress und schüren die Unsicherheit der Mitarbeiter. Durch klare Absprachen und eine gleichberechtigte Informationspolitik kann dem entgegengewirkt werden. Zeit- und Leistungsdruck beugen Sie als Führungskraft zudem durch eine Verteilung der Arbeitsaufgaben und des Arbeitsumfangs entsprechend der Kompetenzen des Einzelnen vor. Dies fördert gleichzeitig das Empfinden Ihrer Mitarbeiter, gerecht behandelt zu werden. Sichern Sie Ihren Angestellten zeitlichen Spielraum, um vermeidbaren Stress nicht aufkommen zu lassen. So sollten beispielsweise „Last-Minute–Aktivitäten" vor einem anstehenden Kundentreffen nicht zur Tagesordnung gehören. In diesem Zusammenhang sollten Sie auch die Tipps und Hinweise, die Sie in Kapitel 2 zum Zeitmanagement erhalten haben, nicht nur für sich selbst nutzen, sondern auch Ihren Mitarbeitern nahebringen.

Maßnahmen zur Prävention von Mobbing

- Dienst- und Betriebsvereinbarungen gegen Mobbing
- Aufklärung über Auslöser und Vermeidung von Mobbing für alle Mitarbeiter
- Einrichtung eines Beschwerdemanagements
- Einführung von Mentorenprogrammen/Coaching
- Sensibilisierung der Mitarbeiter für die Anzeichen und Auswirkungen von Mobbing
- Schulungen/Trainings zu Konfliktmanagement, Teamentwicklung und Kommunikationsstrategien
- Ansprechpartner/Vertrauenspersonen im Unternehmen definieren, an die sich Mitarbeiter wenden können (Mobbing-Beauftragte)
- Einrichtung von Gesundheitszirkeln
- Unterstützung durch soziale Angebote (Kinderbetreuung, gemeinsame Aktivitäten etc.)
- Arbeitsgestaltung im Sinne der Förderung eines guten Betriebsklimas (Partizipation, Transparenz der Prozesse und Anforderungen, klare Zielvereinbarungen etc.)
- Offene Feedback-Kultur

Vorgehen bei Mobbing

- Konfliktklärung durch einen Moderator oder Mediator
- Gesprächsbereitschaft signalisieren/Gesprächsangebote unterbreiten, ohne psychischen Druck aufzubauen

- Objektive Klärung der Situation und der zugrunde liegenden Sachverhalte
- Vermeidung von „Parteiergreifung"
- Treffen von Vereinbarungen zur Beilegung offener Konflikte
- Entwicklung individueller Hilfsmaßnahmen für Mobbing-Opfer

6.4 Wie Sie Ihre Mitarbeiter gezielt und richtig auf Stress ansprechen

Stresssymptome schlagen sich bei jedem Einzelnen unterschiedlich nieder, sodass es nicht möglich ist, den „typischen" gestressten Mitarbeiter zu klassifizieren. Als Führungskraft sollten Sie besonders sensibel vorgehen und auf Veränderungen im Verhalten jedes einzelnen Mitarbeiters achten. Beispielsweise können cholerische Ausbrüche bei einem Mitarbeiter „ganz normal" und in seiner Persönlichkeit verankert sein, bei einem anderen hingegen bereits Ausdruck einer (zu) hohen Belastung sein.

Gesprächsleitfaden für den Umgang mit überlasteten Mitarbeitern

Wenn Sie Symptome von Stress oder Mobbing bei Ihren Mitarbeitern wahrnehmen, sollten Sie diese nicht ignorieren, sondern gezielt und dezent ansprechen. Gut gelingt dies, wenn Sie sich an konkrete Beobachtungen halten (und dadurch Spekulationen oder Mutmaßungen keinen Raum geben).

Beschreiben Sie so objektiv wie möglich, was Ihnen aufgefallen ist, ohne dies zu bewerten. Sagen Sie beispielsweise lieber: „Sie sehen müde aus", statt dem Mitarbeiter einen ungesunden Lebenswandel oder Ähnliches zu unterstellen.

Wenn Sie wiederholt Stressanzeichen bei einem Mitarbeiter wahrgenommen haben, nehmen Sie sich Zeit für ein Gespräch und vereinbaren Sie einen gemeinsamen Termin, an dem Sie sich ohne Zeitdruck austauschen können. Die Gesprächsatmosphäre sollte angenehm sein und Störungen/Unterbrechungen möglichst vermieden werden (schalten Sie z. B. während des Gesprächs Ihr Handy aus oder zumindest auf stumm). Versuchen Sie, möglichst offene Fragen zu stellen und Unterstellungen („Sie fühlen sich anscheinend nicht wohl" o. Ä.) zu vermeiden. Bauen Sie auf keinen Fall Druck auf und bohren Sie nicht unnötig nach, wenn Ihr Gegenüber sich nicht oder nur vorsichtig äußern möchte. Signalisieren Sie die Bereitschaft, zuzuhören und zeigen Sie Ihrem Mitarbeiter, dass Ihnen sein Wohlbefinden am Herzen liegt. Das ist bereits eine wichtige Botschaft. Bieten Sie, wenn Hinweise auf Überlastung vorliegen, Ihre Unterstützung an. Erkundigen Sie sich, wie Sie dazu beitragen können, eventuell bestehende Schwierigkeiten oder Konflikte aufzuheben.

Checkliste: Effektive Gesprächsführung

Vorbereitung auf das Gespräch

- Verdeutlichen Sie sich Ihre Ziele: Was möchten Sie Ihrem Gegenüber mit auf den Weg geben? Was wollen Sie erreichen?
- Machen Sie sich Ihre eigene Rolle und die Ihres Gesprächspartners klar: Was sind Ihre Vorschläge? Was erwarten Sie von Ihrem Gesprächspartner?
- Welche Interessenkonflikte könnten auftreten? Überlegen Sie sich im Vorfeld Ihres Gesprächs, welche „Parteien" insgesamt beteiligt sind und für wen Ihr Gespräch welche Auswirkungen haben könnte.
- Planen Sie den Termin so, dass alle Beteiligten zu dem Treffen ausreichend Zeit mitbringen, um Unterbrechungen und Zeitdruck zu vermeiden.

Im Gespräch

- Benennen Sie die grundlegenden Gesprächsinhalte und die avisierte Gesprächsdauer bereits zu Beginn des Gesprächs.
- Erläutern Sie im gemeinsamen Gespräch die Vor- und Nachteile möglicher Lösungswege für die verschiedenen Beteiligten.
- Betonen Sie, dass Sie eine gemeinsame Problemlösung anstreben, von der möglichst alle Seiten profitieren (z. B. Förderung des Betriebsklimas, Verbesserung der Arbeitsbedingungen und damit effizienteres Arbeiten, gesteigerte Motivation).
- Legen Sie sich und Ihren Gesprächspartner auf verbindliche Aussagen fest und vermeiden Sie vage Formulierungen (z. B. „man könnte mal ..."). Definieren Sie besser sofort Ansprechpartner und konkrete Termine für die Umsetzung einzelner Aufgaben und fixieren Sie diese Gesprächsergebnisse schriftlich.

Hinweise zur Gesprächsführung

Wer zum falschen Zeitpunkt das Falsche sagt, riskiert, den Mitarbeiter zu demotivieren und zu frustrieren, statt die Situation konstruktiv zu verbessern. Häufig findet man gerade bei sensiblen Themen nicht leicht die richtigen Worte und weiß nicht, wie man das Gespräch aufbauen soll. Mit dem richtigen kommunikativen Rüstzeug führen Sie Gespräche professioneller und erfolgreicher. Es gibt bestimmte Gesprächstechniken, die zu Ihrem Handwerkszeug als Führungskraft gehören sollten.

Wichtige Gesprächskompetenzen im Überblick
Wertschätzung
Zeigen Sie dem Mitarbeiter, dass Sie ihn als Menschen achten und dass Ihnen sein Wohlergehen am Herzen liegt. Versuchen Sie, sich in seine Lage zu versetzen, mit ihm „mitzufühlen" und ihn wirklich zu verstehen.
Glaubwürdigkeit
Etablieren Sie Wahrhaftigkeit über Offenheit, Ehrlichkeit, Sachlichkeit und Kompetenz. Erzählen Sie von eigenen Erfahrungen. Verständigen Sie sich auch über den Gesprächsprozess an sich. Erklären Sie dem Mitarbeiter, warum Sie ihn so offen ansprechen.
Respekt
Behandeln Sie Ihr Gegenüber respektvoll, als Gesprächspartner „auf Augenhöhe". Vermeiden Sie anklagende Du-Botschaften („Sie haben Unrecht"/„Du irrst Dich"/„Du hast keine Ahnung davon" etc.). Formulieren Sie lieber verbindlich und neutral, um Missverständnissen und neuen Konflikten vorzubeugen.
Ich-Botschaften
Durch Ich-Botschaften stellen Sie heraus, dass Sie Ihre individuelle Sichtweise und keine allgemeinen Wahrheiten darstellen („Wie ich es verstehe ..."/„Aus meiner Sicht ..."/„Mich belastet das, weil ..."). Unterstellen Sie dem Mitarbeiter nichts und zwingen Sie ihm nicht Ihre eigene Meinung oder Sichtweise auf.
Fragetechniken
Führen Sie kein Verhör, aber nutzen Sie Fragen zur Gesprächssteuerung. Versuchen Sie, möglichst alle Hintergründe zu erfassen. Stellen

Sie offene Fragen („Wer", „Wo", „Was", „Wann", „Wie" etc.), damit Ihr Gesprächspartner nicht nur mit „Ja" oder „Nein" antworten kann. Versuchen Sie, durch immer weiter konkretisierende, tiefergehende Fragen den Sachverhalt wirklich zu verstehen.

Aktives Zuhören

Es ist wichtig, alle Informationen zu erfassen, nachzufragen, Ihr eigenes Verständnis zu sichern und dies dem Mitarbeiter auch zu signalisieren. Hören Sie „aktiv" zu. Fragen Sie im Zweifel nach, ob Sie das Gehörte richtig verstanden haben („Habe ich richtig verstanden, dass ...?"). Auf diese Weise können Sie Missverständnisse vermeiden.

Feedback geben

Geben Sie dem Mitarbeiter immer so konkrete Rückmeldungen wie möglich. Bleiben Sie dabei in jedem Fall wertschätzend und weisen Sie darauf hin, dass Sie sich über Ihr eigenes Erleben äußern. Geben Sie dem Mitarbeiter Hinweise, was er tun könnte – aber nicht als Handlungsanweisungen, sondern zum Beispiel durch die Schilderung einer eigenen Erfahrung: „Ich war vor einigen Jahren in einer ganz ähnlichen Situation und habe versucht, die Lage wieder in den Griff zu bekommen, indem ich ..." Vermeiden Sie Allgemeinplätze wie „immer" oder „nie". Halten Sie sich an konkrete Beobachtungen und geben Sie Spekulationen oder Mutmaßungen nach Möglichkeit keinen Raum.

6.5   Wie Sie richtig delegieren

Delegieren ist eine der wichtigsten Kompetenzen der Führungskraft und die Basis des „Führens". Die Zuteilung von Aufgaben bewirkt Selbstentlastung und schafft Chancen und Motivation für Mitarbeiter, Erfolgserlebnisse zu erzielen. Die größte Hemmschwelle beim Delegieren liegt oft darin, dass man am liebsten alles selbst machen und kontrollieren würde. Erfolgreiche Delegation setzt sich daher aus zwei Faktoren zusammen: aus der Bereitschaft und aus der Fähigkeit zu delegieren.

Checkliste: Delegationsauftrag	
Was?	Was ist genau zu tun? Welches Ergebnis strebe ich an? Welche Schwierigkeiten sind zu erwarten? Wie will ich das Ergebnis kontrollieren?
Wer?	Wer ist für die Aufgabe am besten geeignet? Wer besitzt die notwendigen Kenntnisse und Fähigkeiten?
Warum?	Welchem Zweck dient die Aufgabe (Zielsetzung, Motivation)? Was passiert, wenn die Aufgabe nicht oder unvollständig erledigt wird?
Wie?	Wie soll bei der Ausführung vorgegangen werden? Welche Vorschriften und Richtlinien sind zu beachten? Welche Verfahren sollen angewandt werden?
Womit?	Welche Hilfsmittel werden benötigt? Womit muss der Mitarbeiter ausgerüstet sein?
Wann?	Wann soll mit der Aufgabe begonnen werden? Bis wann soll die Aufgabe abgeschlossen sein? Wann muss ich kontrollieren, um gegebenenfalls eingreifen zu können (Zwischentermine)?

Kienbaum Expertentipp: Was ist delegierbar, was nicht?

Leicht delegierbar sind ...

- Routinearbeiten
- vorbereitende Arbeiten (Entwürfe etc.)
- stellvertretende Teilnahme an Besprechungen und/oder Terminen

Weniger leicht zu delegieren sind ...

- Aufgaben von großer Tragweite und mit hohem Risikoanteil
- außergewöhnliche Sonderfälle
- akute, eilige Aufgaben, die keine Zeit für Erklärungen und Überprüfungen lassen
- streng vertrauliche Angelegenheiten
- echte Führungsfunktionen
- Führung und Motivation der Mitarbeiter

Trainingseinheit: Stressprävention bei Mitarbeitern

Die folgende Trainingseinheit wird Ihnen helfen, die Hinweise dieses Kapitels auf Ihre persönliche Situation als Führungskraft anzuwenden und Ihren Umgang mit gestressten Mitarbeitern zu verbessern. Reflektieren Sie dazu bitte die Situation in der Abteilung, die Sie leiten.

Trainingseinheit 6: Stressprävention bei Mitarbeitern

Fallen mir bei meinen Mitarbeitern ungewöhnlich häufige/lange Fehlzeiten auf?

Welche Ursachen könnte das haben?

_____

_____

Zeigen einige Mitarbeiter Verhaltensauffälligkeiten, z. B. verstärkte Aggressivität, ausweichendes Verhalten oder Unzuverlässigkeit?

Welche Verhaltensweisen sind mir konkret aufgefallen?

_____

_____

Welche Ursachen könnten diese Verhaltensweisen haben?

_____

_____

Wie ist das Arbeitsumfeld meiner Mitarbeiter beschaffen? Welche Stressoren existieren in der Arbeitsumgebung oder im Betriebsklima? (Erfragen Sie dazu die Meinung Ihrer Mitarbeiter)

Stressor 1: _____

Stressor 2: _____

Stressor 3: _____

Meinungen meiner Mitarbeiter:

Name: _____ Meinung: _____

Name: _____ Meinung: _____

Name: _____ Meinung: _____

Existieren im Arbeitsumfeld meiner Mitarbeiter vermeidbare Lärmquellen?

Mögliche Maßnahmen zur Reduzierung des Lärmpegels:

_____

_____

Sind die Arbeitsplätze meiner Mitarbeiter ergonomischen günstig gestaltet (Sitzposition, Beleuchtung etc.)? Veranlassen Sie eine Überprüfung.

Name: _____ Beurteilung: _____

Name: _____ Beurteilung: _____

Name: _____ Beurteilung: _____

Fühlen meine Mitarbeiter sich in angemessener Weise gefordert?

Vereinbaren Sie dazu Gesprächstermine mit Ihren Mitarbeitern und erfragen Sie die von ihnen empfundene Arbeitsbelastung. Leiten Sie aus den Gesprächen Anzeichen für Unter- oder Überforderung ab. Gehen Sie zur Vorbereitung noch einmal die Checkliste zur Gesprächsführung in Kapitel 6.5 durch.

Name: _____ Termin: _____
Name: _____ Termin: _____
Name: _____ Termin: _____

Wie offen bin ich für persönliche Gespräche mit meinen Mitarbeitern?

Ich bin meistens offen und nehme mir nach Möglichkeit Zeit für meine Mitarbeiter.

Ich schotte mich häufig ab.

Ich gebe meinen Mitarbeitern in regelmäßigen Abständen Feedback.

Bin ich über die Aufgaben und die Arbeitsbelastung meiner Mitarbeiter informiert?

Name: _____
Verantwortlich für: _____
Auslastung: _____

Name: _____
Verantwortlich für: _____
Auslastung: _____

Name: _____
Verantwortlich für: _____
Auslastung: _____

Arbeitet meine Abteilung gut im Team/in Teams zusammen? Was kann ich tun, um die Teamarbeit zu verbessern?

_____

_____

_____

Gab es in meiner Abteilung bereits Fälle von Mobbing? Wenn ja, weshalb?

Fall 1: _____

Fall 2: _____

Welche Präventionsmaßnahmen gegen Mobbing gibt es in meinem Unternehmen?

Maßnahme 1: _____

Maßnahme 2: _____

Maßnahme 3: _____

Delegiere ich Aufgaben in ausreichendem Umfang?

Aufgaben, die ich delegiere:

_____

_____

_____

Weitere Aufgaben, die ich delegieren könnte:

Aufgabe: _____ Name: _____

Aufgabe: _____ Name: _____

Aufgabe: _____ Name: _____

Extra: Betriebliches Stressmanagement

Die psychosozialen Belastungen haben in den vergangenen Jahrzehnten in vielen Berufszweigen zugenommen. In diesem Extra „Betriebliches Stressmanagement" (BSM) erfahren Sie, welche Möglichkeiten Sie als Führungskraft haben, konkrete Maßnahmen zur Stressprävention in Ihren Betrieb zu integrieren. Zur Effektivität von BSM-Maßnahmen gibt es verschiedene Studien. Generell geht man davon aus, dass sich ein Return on Invest von ca. 1/3 realisieren lässt. Angesichts alternder Belegschaften und seit Jahren zunehmender psychischer Stressoren am Arbeitsplatz kann man davon ausgehen, dass sich dieses Verhältnis in den nächsten Jahren weiter vergrößern wird.

Grundlagen betrieblichen Stressmanagements

Betriebliches Stressmanagement ist ein Teilbereich des sogenannten „Gesundheitsmanagements". Dieses umfasst in Anlehnung an die Definition von „Gesundheitsförderung" der WHO alle Prozesse, die Arbeitnehmern helfen, mehr Selbstbestimmung und damit eine Stärkung ihrer Gesundheit zu erreichen. Prozesse der Gesundheitsförderung haben unmittelbare positive Auswirkungen auf finanzieller Ebene. Die direkten und indirekten Kosten, die pro Fehltag eines Mitarbeiters entstehen, liegen nach Angaben der Bundesanstalt für Arbeitsschutz für das einzelne Unternehmen bei ca. 300 Euro. Nach Schätzungen der EU-Kommission fallen durch psychische Belastungen Kosten von jährlich etwa 20 Milliarden Euro an.

Die Erfahrung hat gezeigt, dass Maßnahmen betrieblichen Stressmanagements in einem Unternehmen meist nur dann nachhaltig wirksam werden, wenn ihre Umsetzung durch die Geschäftsleitung getragen wird. Werden Maßnahmen in einzelnen Abteilungen ergriffen, ohne Unterstützung durch die Führungsebene zu erfahren, besteht eine höhere Wahrscheinlichkeit, dass diese mit der Zeit „im Sande verlaufen". Besonders im Hinblick auf Stress, Mobbing und Burnout setzen viele Unternehmen nach wie vor eher auf Gespräche zwischen der unmittelbaren Führungskraft und dem betroffenen

Mitarbeiter als auf die systematische Nutzung von Instrumenten zum Gesundheitsmanagement. Das trägt dazu bei, dass Stress noch immer häufig als individuelles, den einzelnen Mitarbeiter betreffendes Problem verstanden wird und die Tatsache, dass Stress durch bestimmte Situationen – und eben auch durch Stressoren am Arbeitsplatz – ausgelöst wird, in den Hintergrund gerät.

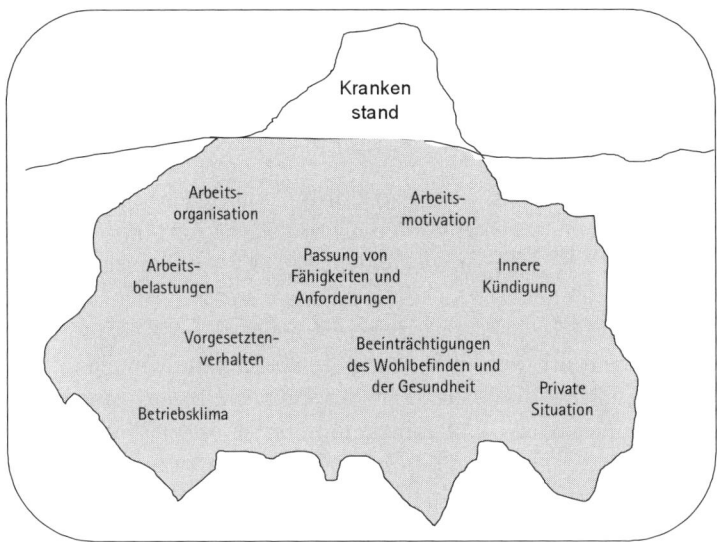

Zahlreiche latente Faktoren beeinflussen Gesundheit
und Krankenstand der Belegschaft

Positive Auswirkungen betrieblichen Stressmanagements sind unter anderem:

- Verringerung der Arbeitsunfähigkeitsquote sowie der Fehlzeiten und entsprechende Kostenreduzierung
- Verringerung der Zahl von Arbeitsunfällen
- Steigerung der Leistungsfähigkeit der einzelnen Mitarbeiter
- Erhöhung der Kreativität und damit der Innovationskraft
- Erhöhung der Konzentration, Reduzierung von Fehlern

- Steigerung des Wohlbefindens am Arbeitsplatz, resultierend in der Stärkung des Commitments/der Mitarbeiterbindung und des Engagements der Mitarbeiter für ihr Unternehmen
- Steigerung der Arbeitszufriedenheit und -motivation
- Positiver Beitrag zum Betriebsklima, z. B. durch Förderung gemeinsamer Aktivitäten (sportive Veranstaltungen etc.)
- Außenwirkung: Imageverbesserung/Steigerung der Attraktivität als Arbeitgeber (Employer Branding)

Betriebliches Gesundheitsmanagement bezieht die gesamte Lebenswelt der einzelnen Arbeitnehmer mit ein. Dabei geht es im Wesentlichen um zwei Fragen: Erstens darum, welche Faktoren Stress reduzieren, Menschen motivieren und ihre Gesundheit fördern können, und zweitens darum, welche Faktoren krank machen, demotivierend wirken und zu einer stärkeren Empfindung von Stress führen. Nicht nur die ergonomische Gestaltung des Arbeitsplatzes ist in diesem Zusammenhang zu berücksichtigen, sondern auch die Organisation der Arbeitsabläufe, der Arbeitszeiten und der Arbeitsumgebung. Neben der Gesunderhaltung der Belegschaft dient ein effektives Gesundheits- bzw. Stressmanagement auch dem unternehmerischen Erfolg, da die Mitarbeiter motivierter und leistungsfähiger sind.

Implementierung mithilfe der Balanced Scorecard

Zur Implementierung von Maßnahmen des Stressmanagements bietet sich das Konzept der Balanced Scorecard der Wirtschaftswissenschaftler Robert S. Kaplan und David P. Norton an. Die Methode bewertet die Erfolgsfaktoren eines Unternehmens auf vier Feldern. Dies sind: die Mitarbeiter, die Prozesse, die Kunden und die Finanzen eines Unternehmens. Die Grundlage für eine optimale Prozessgestaltung, und damit auch für die Kontaktpflege und den Service jedes Betriebs, bildet dabei eine leistungsfähige Belegschaft. Das kostenrelevante Resultat effektiven Stressmanagements ist damit letztlich der messbare Erfolg in Form des unternehmerischen Gewinns.

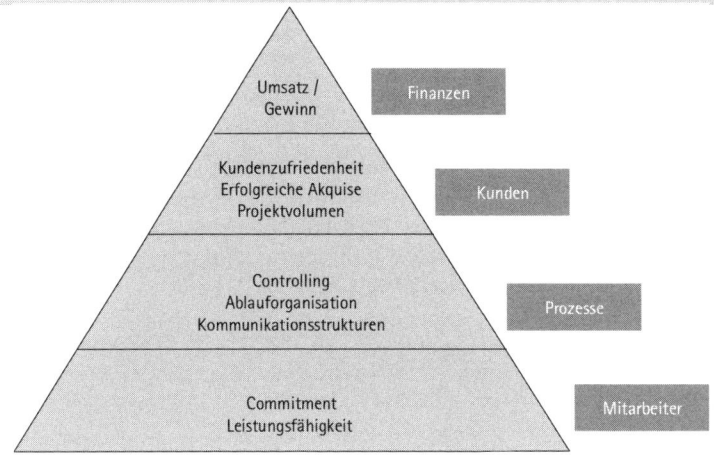

Betriebliches Stressmanagement

In Kapitel 6 haben Sie bereits erfahren, dass Sie als Führungskraft auf zwei Ebenen positiven Einfluss auf das Wohlbefinden und damit auch auf die Arbeitsleistung Ihrer Mitarbeiter nehmen können: Maßnahmen der Verhältnisprävention zielen auf die Optimierung des Arbeitsumfeldes ab, während Maßnahmen der Verhaltensprävention die konkreten Arbeitsbedingungen des einzelnen Mitarbeiters verbessern können. Während also die Verhaltensprävention auf die Stressmanagement-Kompetenzen des Einzelnen fokussiert, beinhaltet die Verhältnisprävention Maßnahmen wie:

- Verbesserung des Betriebsklimas
- Optimierung der Arbeitsplatzgestaltung
- Förderung guter Zusammenarbeit (Teambuilding, angemessener Führungsstil, Transparenz der Anforderungen etc.)

Typische Maßnahmen im Rahmen der Verhältnisprävention zielen auf organisationale Veränderungen ab. Übliche Maßnahmen der Verhaltensprävention hingegen sind die Einführung von Workshops, Gesundheitszirkeln, Seminaren oder Coachings. Im Zusammenhang mit dem BSM werden letztgenannte Methoden besonders häufig eingesetzt, wohingegen das klassische Gesundheitsmanagement gerade auch organisationsübergreifende Maßnahmen vorsieht.

Überblick: Verhaltenspräventive Maßnahmen
• Einzel- oder Gruppenübungen zur Veränderung stressverursachender Denkmuster
• Angebote zur Förderung sozialer Kompetenzen (Teamübungen, Rollenspiele, Verhaltensübungen)
• Maßnahmen zur Optimierung des Führungsstils (Simulation von Konfliktgesprächen, üben von Mitarbeitergesprächen, Informationen zu positivem Führungsverhalten etc.)
• Trainings zur Optimierung des eigenen Zeitmanagements
• Kurse zum Erlernen von Entspannungstechniken (z. B. progressive Muskelrelaxation, autogenes Training)

Verhaltenspräventive Maßnahmen zur Stressbewältigung

Als besonders effektiv hat sich eine Kombination aus Maßnahmen von Verhaltens- und Verhältnisprävention erwiesen. Der Erfolg von Maßnahmen des betrieblichen Stressmanagements hängt zudem von weiteren Faktoren ab, beispielsweise:

• Information der Belegschaft
• Transparenz der Prozesse
• Einbindung aller betroffenen Teams/Bereiche bei der Identifizierung optimierungsbedürftiger Umstände
• Wahrnehmbare Unterstützung durch die Unternehmensführung

Zur Wirksamkeit verschiedener Maßnahmen

Nach Angaben der Krankenkassen BARMER und AOK lassen sich pro Euro, der für betriebliches Gesundheitsmanagement eingesetzt wird, bis zu fünf Euro an Kosten durch gesundheitliche Probleme einsparen. Dies verdeutlicht die Effektivität betrieblichen Stressmanagements. Für die Prävention und Verringerung von Stress am Arbeitsplatz haben sich insbesondere Trainings und Seminare, die auf eine kognitive Umstrukturierung stressverstärkender Gedanken abzielen, als effektiv erwiesen. Ebenfalls häufig eingesetzt werden von den Unternehmen Maßnahmen zur Einübung von Entspannungstechniken, insbesondere die Progressive Muskelentspannung nach Jacobson. Mehr über diese Technik erfahren Sie in Kapitel 5.1.

Beispiel: Zielgruppenspezifische Umsetzung von Seminaren

Eine wichtige Rolle bei der Stressprävention spielen Seminare, die sich gezielt an Führungskräfte richten. Der Vorteil der zielgruppenspezifischen Ausrichtung liegt darin, dass sich die Inhalte fokussiert auf typische stressauslösende Faktoren beziehen lassen, wie beispielsweise auf das Arbeiten unter hohem Zeit- oder Erfolgsdruck. Die situationsspezifisch passenden Präventionsmaßnahmen können anhand konkreter Erfahrungen aus dem Arbeitsalltag abgeleitet werden – beispielsweise bieten sich Übungen und Handlungsanweisungen zum richtigen Delegieren an. (Konkrete Hinweise zum richtigen Delegieren finden Sie in Kapitel 6.5.)

Die Umsetzung eines erfolgreichen Stressmanagements

Ein erfolgreiches betriebliches Stressmanagement beinhaltet nicht nur die isolierte Umsetzung einzelner Maßnahmen zur Gesundheitsförderung und Stressprävention, sondern baut auf eine nachhaltige Verzahnung verschiedener Bausteine miteinander auf. Dies erfordert ein komplexes Projektmanagement, das idealerweise an den folgenden Prozessschritten orientiert sein sollte:

1. Schritt: Projektplanung
2. Schritt: Soll-Ist-Analyse
3. Schritt: Grobkonzept
4. Schritt: Detailkonzeption
5. Schritt: Implementierung
6. Schritt: Evaluation

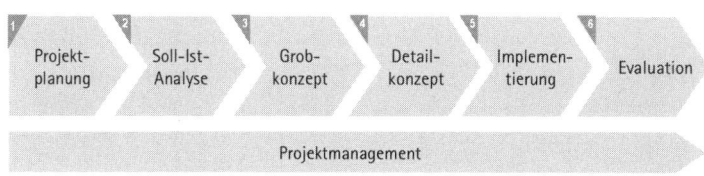

Umsetzungsschritte des betrieblichen Stressmanagements

1. Schritt: Projektplanung

In der ersten Phase der Projektplanung sollte eine grobe Definition der Zielsetzung erfolgen und einzelne Teilprojekte identifiziert werden: Welche Maßnahmen wollen Sie ergreifen? Als hilfreich hat es sich erwiesen, schon in dieser Phase Verantwortlichkeiten und Termine für weitere Meetings/Workshops sowie einen anvisierten Zeitrahmen für die Implementierung der Maßnahmen festzulegen.

2. Schritt: Soll-Ist-Analyse

Vor der Umsetzung der Maßnahmen steht die Analyse der Ausgangslage:

- Welche Stressauslöser gibt es in dem betroffenen Bereich?
- Welche Anzeichen von Stress sind zu erkennen?
- Welche Möglichkeiten zur Bewältigung stressauslösender Reize bieten sich an?
- Welche Maßnahmen werden bereits eingesetzt?
- Wie stellt sich zur Zeit die Situation der einzelnen Mitarbeiter im Hinblick auf Faktoren wie Fluktuation, Krankenstand und „weiche" Aspekte wie Motivation dar?

Zur Klärung dieser Faktoren bieten sich verschiedene Tools an, wie Mitarbeiterbefragungen, Gefährdungsanalysen, quantitative Datenerhebungen, Arbeitsplatzanalysen, arbeitsmedizinische Untersuchungen etc.

3. Schritt: Grobkonzept

Aus der Analyse der aktuellen Situation werden nun die geeigneten Maßnahmen abgeleitet. Berücksichtigen Sie dabei jedoch nicht nur die bereits identifizierten Problemfälle, sondern im präventiven Sinne auch gesunde und leistungsfähige Mitarbeiter (beispielsweise durch die Einführung von Seminaren zum Erlernen von Entspannungstechniken). Beziehen Sie auch Personalentwicklungsstrategien in Ihre Überlegungen ein. Einige Beispiele für mögliche Konzepte im Rahmen des BSM:

- Maßnahmen im Bereich des Ernährungsmanagements:
  - Einrichtung eines Obstkorbes für alle
  - Angebot freier Getränke (z. B.: Apfelschorle, Tee, Wasserspender)
  - Angebote zur (individuellen) Ernährungsberatung etc.
- Maßnahmen im Bereich der Urlaubsplanung

- Vermeidung der Kontaktaufnahme mit Kollegen, die sich im Urlaub befinden
- Ermöglichung mehrerer und/oder längerer Urlaubsphasen pro Jahr
- Frühzeitige Planung mittels Urlaubsplänen für Teams/Abteilungen
- etc.

4. Schritt: Detailkonzeption

In der Phase der Detailkonzeption sollten die zuvor definierten Grobziele in kleinere Prozesseinheiten untergliedert werden: Welche einzelnen Zielgruppen gibt es (Alter, Geschlecht, Abteilung, Tätigkeit)? Welche Einzelschritte sind zur Umsetzung des Grobkonzepts erforderlich? In diesem Zusammenhang sollte bereits eine Priorisierung der Handlungsfelder vorgenommen werden. Die Feinziele sollten möglichst klar definiert und messbar sein (z. B. Erhöhung der Mitarbeitergesundheit in Abteilung XY im Zeitraum von sechs Monaten durch Einführung eines Arbeitskreises Gesundheit). Achten Sie darauf, die einzelnen Vorhaben möglichst genau auf die konkreten Zielgruppen zuzuschneiden.

5. Schritt: Implementierung

Für die langfristige Umsetzung der geplanten Ziele kann die Einführung eines Gremiums zur Prozesssteuerung hilfreich sein. Eine Aufgabe dieses Steuergremiums liegt in der Einbindung der verschiedenen Gruppen und Interessenbereiche.

6. Schritt: Evaluation

Die Evaluation der Maßnahmen kann anhand qualitativer und/oder quantitativer Stellgrößen erfolgen, und sie kann auf harte oder weiche Zielkriterien ausgelegt sein. Beispiele für „weiche" Kriterien sind Motivation, Zufriedenheit der Mitarbeiter und Betriebsklima. „Harte" Indikatoren für den Erfolg der Maßnahmen sind Krankenstand und Fluktuation. Als Methoden der Evaluation bieten sich an:

- Mitarbeiterbefragungen (z. B. zur Erfassung von Meinungen, subjektiver Wahrnehmungen, Stimmungen)

- Analyse der Arbeitsbedingungen (z. B. Daten- und/oder Dokumentenanalyse, Einstufung der Arbeitsbedingungen durch Rating-Verfahren, Checklisten, Messungen)

Wichtig ist, den Erfolg von Maßnahmen klar zu kommunizieren, um „Flurfunk" zu vermeiden.

Work-Life-Balance aus Sicht der Unternehmen

Heutzutage hat man erkannt, dass die Gestaltung des betrieblichen Umfelds für die Etablierung einer guten Work-Life-Balance entscheidende Bedeutung hat. In vielen Unternehmen sieht man inzwischen ein, dass eine gute Vereinbarkeit von Privatleben und Beruf betriebswirtschaftlich wie auch volkswirtschaftlich positive Aspekte hat. Durch flexible Arbeitszeitmodelle und Betreuungsangebote für Kinder werden Unternehmen als Arbeitgeber attraktiver. Solche Angebote erhöhen Motivation und Commitment der Mitarbeiter und senken Fluktuation und Fehlzeiten. Ein außergewöhnliches Beispiel bietet eine deutsche Fachmarktkette für Heimtierbedarf: Die Mitarbeiter des Unternehmens dürfen ihre Hunde mit zur Arbeit bringen – der von vielen Arbeitnehmern gehegte Wunsch nach einem Leben mit Haustier trotz ganztägiger Berufstätigkeit wird wahr.

Die Work-Life-Balance der Top-Manager

Im Jahr 2002 wurden im Rahmen einer Kienbaum-Studie Führungskräfte in zehn Ländern zu den Einflussbereichen Familie, Freizeit, Arbeit und Gesundheit befragt. Über 300 Manager, vorwiegend der ersten und zweiten Führungsebene, gaben Auskunft. Erfahren Sie im folgenden Abschnitt mehr über die wesentlichen Befunde der Studie.

Arbeitszeit über 50 Wochenstunden

Lange Arbeitszeiten gelten im Management als üblich. Über 70 Prozent der befragten Manager arbeiten wöchentlich mehr als 50 Stunden – in Deutschland sind das im Durchschnitt 54 Arbeitsstunden pro Woche. Als typische Zeitfresser werden das Abrufen von E-Mails und Telefonate benannt. Diese Tätigkeiten nehmen laut

Angaben der Befragten meist mehrere Stunden täglich ein. Weitere „Zeitfresser" sind Meetings.

Das Arbeiten von zuhause aus nimmt bei den meisten europäischen Führungskräften einen geringen Anteil ihrer Arbeitszeit ein. Die meisten Führungskräfte verbringen nur wenige Stunden der Woche im sogenannten „Homeoffice". Die Trennung von Beruf und Privatleben ist ihnen offenbar wichtig.

Freizeit: Familienaktivitäten haben oberste Priorität

Ihre Freizeit widmen die meisten Manager am liebsten ihrer Familie. 80 Prozent verbringen weniger als vier Stunden in der Woche allein, wobei sich viele mehr Zeit für sportliche Aktivitäten wünschen. Betrachtet man die Zeit, die tatsächlich pro Arbeitswoche in sportlichen Ausgleich investiert wird, wird dieser Wunsch verständlich: Die meisten Führungskräfte legen pro Tag (außerhalb des Büros) weniger als einen Kilometer pro Fuß zurück und befinden sich etwa nur 30 Minuten lang an der frischen Luft. Entsprechend häufig treten gesundheitliche Beschwerden wie Verspannungen, Schlafprobleme oder Herz-Kreislauf-Beschwerden auf. Jeder zweite Manager klagt darüber.

Betriebliche Vorteile einer guten Work-Life-Balance

Eine gute Work-Life-Balance ist von entscheidender Bedeutung für die Leistungsfähigkeit der Mitarbeiter. Viele Unternehmen haben inzwischen auf diese Tatsache reagiert. Der Wunsch der Mitarbeiter nach flexibleren Arbeitszeiten und sozialen Unterstützungsangeboten wird nicht mehr länger als Indiz für mangelnde Arbeitsmotivation gesehen. Entsprechend ist eine Zunahme der Möglichkeiten zur freien Arbeitsgestaltung festzustellen, etwa Angebote wie Homeoffice und Vertrauensarbeitszeit. Auch bieten immer mehr Arbeitgeber im Rahmen des betrieblichen Gesundheitsschutzes Präventionsmaßnahmen an (z. B. Kurse zu gesunder Ernährung oder Bewegungsprogramme wie Rückenschulen).

Ansatzpunkte für Work-Life-Balance-Maßnahmen

Für Unternehmen bietet sich ein breites Spektrum zur Umsetzung gesundheitsfördernder Maßnahmen. Im Wesentlichen handelt es sich um drei Maßnahmenpakete:

- Flexibilisierung von Arbeitszeiten
- Flexibilisierung im Hinblick auf den Ort der zu erbringenden Arbeitsleistung
- Erhöhung der Motivation und des Commitments

Überblick: Betriebliche Angebote zur Förderung einer positiven Work-Life-Balance

Arbeitszeitmodelle

- Angebote zu Teilzeitarbeit
- Möglichkeit ein Sabbatical zu nehmen
- Flexible Arbeitszeiten/Homeoffice-Möglichkeiten/Telearbeit/ Gleitzeiten/Vertrauensarbeitszeit
- Wiedereinstiegsprogramme

Soziale Unterstützung

- Betriebsarzt/medizinisches Beratungsangebot/Anlaufstelle bei Stresserkrankungen, Mobbing etc.
- Betriebseigene Kita/Angebote zur Unterstützung bei der Kinderbetreuung
- Akzeptanz von Elternzeit (auch für Väter)
- Notfallbetreuung
- Beratungsangebote (Sozialberatung, Betriebspsychologen, Vertrauenspersonen)
- Haushaltsnahe Dienstleistungen

Weiterbildungsangebote

- Mentoring-Programme
- Unternehmensakademien/Seminarangebote
- Individuelle Fortbildungskontingente
- Personalentwicklungsmaßnahmen
- Coaching-Angebote

Gesundheitsmanagement

- Fitnessangebote/Betriebssport
- Programme zur Gesundheitsförderung (Rückenschule, Gesundheitschecks, Seminare zu gesunder Ernährung am Arbeitsplatz etc.)

Trainingseinheit: Betriebliches Stressmanagement

Zum Abschluss dieses Extras zum betrieblichen Stressmanagement haben Sie nun die Möglichkeit, die hier vorgestellten Instrumente auf die konkrete Situation in Ihrem Betrieb zu beziehen. Überlegen Sie, wie sich die Situation in Ihrer Firma zur Zeit darstellt und welche Veränderungen Sie einführen möchten.

Trainingseinheit 7: Betriebliches Stressmanagement in meiner Firma	
Diese positiven Folgen erwarte ich durch das betriebliche Stressmanagement für meinen Betrieb:	
_____ _____ _____	
In diesen Bereichen sehe ich den größten Handlungsbedarf:	
_____ _____ _____	
Diese Bereiche möchte ich durch folgende konkrete Maßnahmen fördern:	
Entwicklungsbereiche (z. B. Arbeitsplatzgestaltung, Prozesstransparenz etc.)	Maßnahmen (z. B. Trainings, Gruppenübungen etc.)

Meine Planung der einzelnen Schritte auf dem Weg zu einem erfolgreichen Stressmanagement:	
1. Projektplanung	
2. Soll-Ist-Analyse	
3. Grobkonzept	
4. Detailkonzeption	
5. Implementierung	
6. Evaluation	

7 Soforthilfe Burnout

In diesem Kapitel erfahren Sie, wie aus chronischem Stress Burnout entstehen kann und wie Sie dem vorbeugen können. Lernen Sie die verschiedenen Phasen des Entstehungsprozesses kennen und erfahren Sie, wie Sie als Führungskraft erste Anzeichen bei Mitarbeitern erkennen. Auch Ihr eigenes Burnout-Risiko lernen Sie mithilfe der Inhalte dieses Kapitels besser einzuschätzen. Sie erfahren, welche Faktoren zum Entstehen eines Burnouts führen können und wie Sie erste Anzeichen bei sich und anderen richtig interpretieren. Zusätzlich werden die Möglichkeiten der Burnout-Therapie kurz beleuchtet. Diese müssen jedoch unbedingt professionell begleitet werden. Hingegen sollen die funktionalen Stressbewältigungsstrategien, die Sie in diesem Buch umfassend kennenlernen, Sie vor chronischem Stress und damit letztlich auch vor dem Burnout schützen.

7.1 Was ist Burnout?

Burnout (aus dem Englischen: „Ausbrennen") ist ein vorwiegend im beruflichen Kontext verankerter Verausgabungsprozess. Ursprünglich beobachtet wurde das Syndrom in sozialen, „helfenden" Berufen. Krankenschwestern, Ärzte und Erzieher klagten über einen Zustand der völligen emotionalen Erschöpfung, der mit reduzierter Leistungsfähigkeit, Depressionen, Desillusionierung und Apathie einherging. Die Entstehung eines Burnout-Syndroms ist ein schleichender Prozess. Ihm präventiv entgegenzuwirken ist oft schwierig, da heutzutage ein weitreichendes berufliches Engagement, bis hin zur Selbstaufopferung, gesellschaftlich durchaus erwünscht ist. Erschwerend kommt hinzu, dass kein klares Krankheitsbild existiert. Fest steht jedoch, dass dauerhafter Stress letztlich das „Ausbrennen" hervorrufen kann. Burnout entsteht oft aus einem Teufelskreis aus Enttäuschung und vermehrter Anstrengung, der dazu führt, dass die notwendige Zeit zur körperlichen und seelischen Regeneration nicht mehr vorhanden ist. Wie viele Menschen in Deutschland an einem akuten Burnout leiden, ist nicht bekannt. Schätzungen zufolge sind es etwa 300.000 Betroffene.

Dauerhaft stressauslösende Arbeitsbedingungen fördern das Entstehen eines Burnouts eindeutig. Letztlich sind aber auch individuelle Faktoren wie ein hohes Anspruchsniveau, ausgeprägtes Karrieredenken und/oder das vollständige Aufgehen im Beruflichen das Zünglein an der Waage, ob ein Burnout zustande kommt.

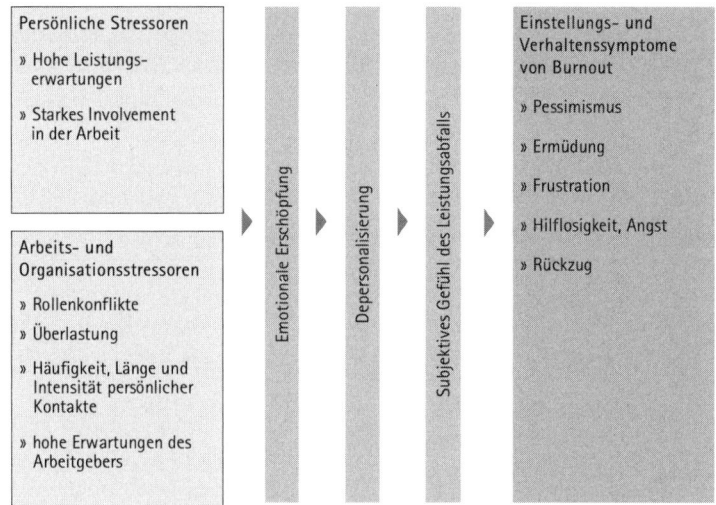

Entstehungsfaktoren des Burnout-Syndroms

7.2   Wie gefährdet sind Sie?

Oft sagt man: „Wer für nichts brennt, der kann auch nicht ausbrennen." Burnout entsteht meist im beruflichen Bereich, wenn sich Menschen sehr stark mit ihrer Arbeit identifizieren, sich für sie aufopfern. Wird die eigene Erholung und Entspannung vernachlässigt, und stellen sich die ersehnten Erfolge trotz hoher Anstrengung nicht ein, resultiert schnell Dauerstress. Sinkt nun die eigene Leistung, wird dieses oft im Sinne des „mehr Desselben" beantwortet: Noch mehr Arbeit, noch weniger Erholung. Letztlich kommt es zum Kollaps. Die betroffenen Menschen werden zynisch, depressiv und antriebslos. Oft ist dann eine langwierige Therapie notwendig, um aus dem emotionalen und gedanklichen Tief wieder herauszufinden.

Wer erleidet besonders schnell Burnout?

Es sind meist leistungsmotivierte, engagierte Menschen, die Burnout erleiden. Besonders nach einem Wechsel der beruflichen Position (Neueinstieg nach dem Studium oder bei einer Beförderung) wollen sie „durchstarten" und besser sein als andere. Typischerweise zählen eine starke Identifikation mit der eigenen Arbeit und ein hohes Commitment dem Unternehmen gegenüber zu den Voraussetzungen des Burnouts. Das große Engagement zu Beginn stößt meist auf Zustimmung seitens des Arbeitnehmers und wird gefördert.

Checkliste: Arbeitsbedingungen, die Burnout begünstigen

- Großes Arbeitspensum und/oder Zeitdruck
- Hohe Arbeitsanforderungen
- Lange Anfahrts- und Reisewege
- Hohe emotionale Anforderungen („Helferberufe")
- Geringe Kontrollmöglichkeiten
- Mangelnde positive Rückmeldung
- Schlechtes Betriebsklima/soziale Konflikte
- Unklare Zielsetzungen und/oder uneinheitliche Strukturen/Prozesse
- Geringe Unterstützung durch den Vorgesetzten

7.3   Vom Stress zum Burnout

Der Psychoanalytiker Herbert Freudenberger und die Journalistin Gail North haben im Jahr 1992 einen Burnout-Zyklus vorgestellt und damit beschrieben, wie sie sich die Entwicklung von Burnout vorstellen. Auch wenn die von Freudenberger und North dargestellten Stadien nicht immer in deutlich abgrenzbaren Symptomen auftreten, und auch die Reihenfolge der Stadien variieren kann, vermittelt das Modell eine gute Übersicht über den Ablauf.

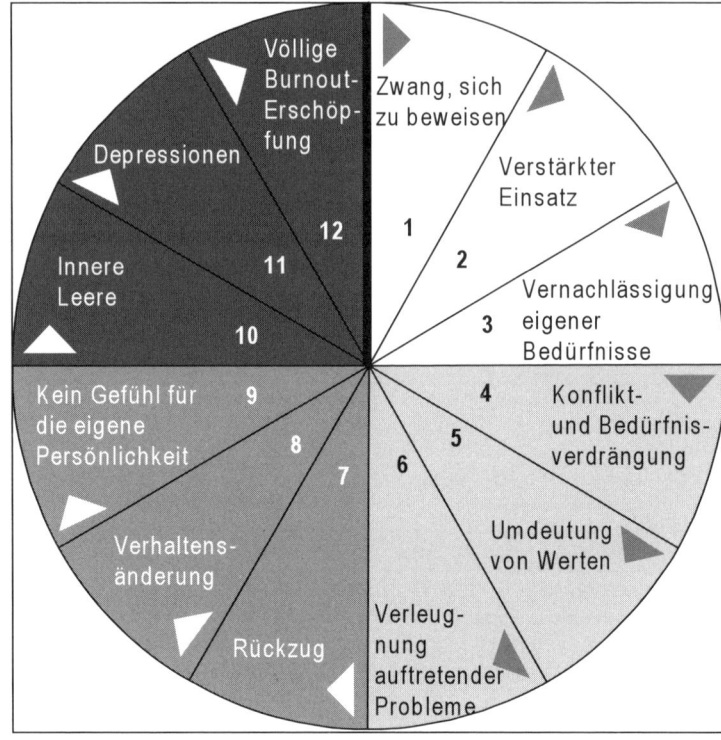

Das 12-Phasen-Modell des Burnouts

Stadien 1 bis 3

1. Die betroffenen Personen besitzen einen starken bis übertriebenen Ehrgeiz und fühlen den Zwang, sich zu beweisen.
2. Dies führt bei Ausbleiben von Erfolgserlebnissen zu weiterer Steigerung der Anstrengung und verstärktem Einsatz. In diesem Zuge können ihnen andere Menschen träge und langsam erscheinen.
3. Die Betroffenen „brennen" für ihren Beruf und beginnen, andere Dinge wie Familie, Freunde und Freizeitgestaltung subtil zu vernachlässigen. Das führt dazu, dass erstens der Raum für Erholung kleiner wird und zweitens Konflikte im Privatbereich wahrscheinlicher werden und sich der soziale Rückhalt auf Dauer insgesamt reduziert.

Stadien 4 bis 6

4. Erste Konflikte treten auf, werden aber verdrängt.
5. Es kommt zu einer Umdeutung der bisherigen Werte. Der private Bereich gerät weiter in den Hintergrund, ebenso werden eigene Bedürfnisse dem Beruf untergeordnet („Schlafen kann ich auch noch in 100 Jahren.")
6. Erste Warnsignale des Körpers werden ignoriert, häufiger auftretende Probleme verleugnet. Die Betroffenen reagieren im Sinne des „mehr Desselben".

Stadien 7 bis 9

7. Im weiteren Verlauf verstärkt sich das Leugnen der Probleme und der Rückzug aus dem sozialen Umfeld beginnt. Die Betroffenen entwickeln Tendenzen, sich abzuschotten, zeigen sich wenig emotional und insgesamt eher weniger interessiert an ihrer Arbeit.
8. Dies mündet in deutlichen Verhaltensänderungen, beispielsweise in der Entwicklung einer ablehnenden Einstellung gegenüber Kunden oder Kollegen.
9. Der Verlust des Gefühls für die eigenen Bedürfnisse schreitet voran, sodass es immer weniger gelingt, Ausgleich oder Entspannung zu finden.

Stadien 10 bis 12

10. Das Desinteresse und die mangelnde Begeisterungsfähigkeit steigern sich nach und nach bis hin zu einem umfassenden Desinteresse an sich und anderen. Dinge, die vorher wichtig erschienen, werden als belanglos erlebt. Antriebskraft und Motivation sind stark reduziert.
11. Die Verzweiflung kann in Depressionen und Selbstmordgedanken münden.
12. Letztlich ist auch das Immunsystem durch den chronischen Stress so weit geschwächt, dass die Betroffenen für Krankheiten empfänglich sind. Verspannungen, Kopfschmerzen, Verdauungsschwierigkeiten und Schlafstörungen sind einige der Symptome, die auftreten können. Dies führt oft dazu, dass Menschen mit Burnout die verschiedensten Ärzte aufsuchen, ohne dass eine organische Ursache gefunden werden kann, bis endlich die tat-

sächliche Ursache ihrer Leiden identifiziert wird. Wegen der angeschlagenen Gesundheit gelingt es ihnen unterdessen kaum noch, Arbeitsaufgaben und Alltag zu meistern. Auch fehlt ihrem Leben der Inhalt, und ein Gefühl von Leere und Sinnlosigkeit dominiert. Um den Kreislauf an diesem Punkt zu durchbrechen, benötigen die Betroffenen unbedingt professionelle Hilfe. Oft dauert es viele Monate, bis die Gesundheit wieder vollständig hergestellt ist.

Anzeichen des Burnout-Syndroms

Gekennzeichnet ist das Ausbrennen durch emotionale, kognitive und verhaltensbezogene Symptome, die interindividuell stark variieren können.

Hauptkennzeichen des Burnouts
Emotional
• Gefühl der Leere, der Abstumpfung und Ideenlosigkeit
• Nervosität, Reizbarkeit, Ungeduld, Anspannung
• Psychische Erschöpfung
• Labile Gefühle, Aggressivität, Ängste
• Hoffnungslosigkeit, Traurigkeit, Niedergeschlagenheit
Kognitiv
• Tendenz zum Zögern, Hinausschieben
• Negative Einstellung dem Leben gegenüber
• Kreisende Gedanken, Tendenz zum Grübeln
Verhaltensbezogen
• Sozialer Rückzug/kein Bedürfnis des Austauschs mit anderen/„Niemanden sehen wollen"
• Vernachlässigung von Freizeitaktivitäten
• Hyper- oder Hypoaktivität
• Impulsivität
• Vermehrter Konsum suchtfördernder Substanzen

7.4 Burnout erkennen – der Test

Es gibt verschiedene psychologische Testverfahren, mit deren Hilfe man das individuelle Burnout-Risiko erfassen kann. Wie gefährdet Sie selbst aktuell sind, erfahren Sie, wenn Sie die untenstehenden Fragen ehrlich beantworten. Bitte beachten Sie aber, dass dieser Test lediglich eine auf Ihren Aussagen basierende Einschätzung widerspiegelt und natürlich nicht den Besuch bei einem Arzt oder Psychologen und eine umfassende Diagnose ersetzt.

Bitte kreuzen Sie in der folgenden Aufstellung an, wie häufig die jeweiligen Symptome Ihnen in den letzten Wochen bei sich selbst aufgefallen sind:

(1) nie   (2) selten   (3) hin und wieder   (4) häufig

Mit der anschließenden Auswertung erhalten Sie eine Richtlinie, um Ihre persönliche Burnout-Gefährdung einzuschätzen.

Test: Wie nahe sind Sie am Burnout?				
	1	2	3	4
Ich fühle mich von meiner Arbeit ausgelaugt.				
Am Ende eines Arbeitstages fühle ich mich erledigt.				
Ich glaube, ich behandle einige Klienten, als ob sie unpersönliche „Objekte" wären.				
Ich befürchte, dass meine Arbeit mich emotional verhärtet.				
Den ganzen Tag mit Leuten zu arbeiten, ist wirklich eine Strapaze für mich.				
Abends komme ich nur schwer zur Ruhe.				
Abschalten fällt mir zunehmend schwerer.				
Ich verspüre eine innere Leere.				
Ich denke mir: „Das hat doch alles keinen Sinn".				
Ich sehne mich sehr nach dem Feierabend.				
Ich fühle mich unwohl bei der Arbeit.				
Es fällt mir schwer, mich zu konzentrieren.				
Ich bin traurig und niedergeschlagen.				
Ich habe Angstgefühle.				

de

Ich schlafe schlecht.			
Ich bin chronisch müde.			
Ich leide unter Kopfschmerzen.			
Ich leide unter Muskelverspannungen.			
Ich bin leicht reizbar.			
Ich bemerke, dass meine Leistungen nachlassen.			

Auswertung

Addieren Sie bitte alle angekreuzte Punktwerte. Sie erhalten einen Wert zwischen 20 (derzeit kaum gefährdet) und 80 (hochgradig gefährdet).

20 – 40 Punkte	Burnout ist für Sie derzeit kein Thema. Wiederholen Sie den Test in einigen Zeitabständen, um Ihren Gesundheitszustand zu reflektieren und Anzeichen des Burnouts frühzeitig vorbeugen zu können.
40 – 60 Punkte	Einzelne Symptome, die auf ein Burnout hindeuten, treten bei Ihnen bereits auf. Achten Sie in nächster Zeit darauf, ob diese sich zurückbilden oder verstärken. Versuchen Sie sich nach Möglichkeit öfter zu entspannen, durch Sport oder andere Methoden der Stressbewältigung, wie z. B. Meditation oder längere Spaziergänge.
60 – 80 Punkte	Ihre Symptome sollten für Sie bereits ernst zu nehmende Warnsignale darstellen. Wenn Sie unter den angekreuzten Erscheinungen schon länger leiden, sollten Sie dringend über Stressbewältigung und -reduzierung nachdenken. Ihre Symptome können sonst leicht in ein Burnout-Syndrom münden.

Wenn Sie bei sich erste Anzeichen eines Burnouts feststellen, sollten Sie Ihren Hausarzt oder den Betriebsarzt ansprechen. Es ist wichtig, diese ersten Alarmzeichen ernst zu nehmen. Stress durch Überarbeitung kann lebensbedrohlich sein, wie die japanischen Fälle von „Karoshi" zeigen. Karoshi, der Tod durch Überarbeitung, ist in Japan seit den 60er-Jahren bekannt. Die Betroffenen erleiden, nachdem sie jahrelang extrem viel gearbeitet haben, eines Tages einen tödlichen Herzinfarkt.

7.5 Wie Sie als Führungskraft Burnout erkennen

Vielen Führungskräften fällt es außerordentlich schwer, Mitarbeiter anzusprechen, die offensichtlich unter Stress leiden. Im Falle einer wahrgenommenen oder vermuteten Burnout-Gefährdung spielt außerdem eine Rolle, dass psychische Probleme in vielen Betrieben nach wie vor tabuisiert werden. Mitunter ist es den Betroffenen unangenehm, auf die eigene Leistungsproblematik aufmerksam gemacht zu werden.

Wie reagieren Sie im Verdachtsfall?

Von den ersten Anzeichen für Stress bis zur Entwicklung eines Burnout-Syndroms vergehen oft viele Monate oder sogar Jahre. Daher lassen sich drastische Veränderungen oft nicht von einem Tag auf den anderen feststellen; sie geschehen schleichend. Als Führungskraft ist daher nicht nur Ihre Sensibilität im Hinblick auf das richtige Ansprechen von Mitarbeitern im Verdachtsfall gefragt, sondern auch die bewusste Wahrnehmung erster Alarmsignale. Gefährdet sind meist Mitarbeiter, die zu Beginn ein sehr hohes Engagement an den Tag legen („Wer nicht für etwas brennt, brennt auch nicht aus."). Im weiteren Verlauf wandelt sich das Bild (vgl. 12-Phasen-Modell). Typische Verhaltensmuster bei der Entstehung eines Burnouts finden Sie in der untenstehenden Tabelle.

Beim Ansprechen von eventuell betroffenen Mitarbeitern sollten Sie umso sensibler vorgehen, je weiter fortgeschritten die von Ihnen wahrgenommenen Anzeichen sind. Eine detaillierte Checkliste, die Ihnen die wichtigsten Grundlagen für das Gespräch mit Ihren Mitarbeitern aufzeigt, haben wir für Sie in Kapitel 6.4 zusammengestellt.

Hinweise auf ein bestehendes Burnout-Risiko
Frühstadium
• Überengagement (Überstunden, hohe Aktivität und ausgeprägtes Commitment)   • Erste Erschöpfungsanzeichen (Müdigkeit)

Weiterer Verlauf
• Reduziertes Engagement (Erhöhung der Fehlzeiten, Überziehen von Arbeitspausen, verspäteter Arbeitsbeginn und früherer Arbeitsschluss, Ausweitung/„Ausnutzung" von Reise- und Fahrtzeiten) • Aggressives Verhalten gegenüber Kollegen und Mitarbeitern (schnelle Reizbarkeit, unangebrachte, aufbrausende Ausdrucksweise, Ungeduld) • (Organisationaler) Zynismus, abfällige Bemerkungen in Bezug auf den eigenen Arbeitgeber • „Dienst nach Vorschrift" (geringe Arbeitsleistung, Tagträumerei, häufiges Auf-die-Uhr-Schauen, Widerwillen bei Übernahme von Telefonaten, Terminen etc.) • Einsamkeit/Absonderung von anderen Menschen • Emotionale Verflachung (Kunden werden „über einen Kamm geschoren", Kreisen der Gedanken um die eigene Person, Unzufriedenheit, Rückzugsneigung) • Wachsende Kränkbarkeit
Endphase
• Stark reduziertes Engagement (verstärktes Auftreten der oben genannten Symptome) • Depressive Verstimmtheit und Misstrauen gegenüber anderen Menschen • Allgemeines Desinteresse/Lethargie (Vermeidung von Diskussionen mit Mitarbeitern und Vorgesetzten, Interesselosigkeit bei Erörterungen, abfällige, abweisende Bemerkungen, Behandeln von Menschen als „Fälle" oder „Vorgänge", kein spürbares persönliches Interesse an anderen) • Verstärkter Alkohol- und Zigarettenkonsum/Suchtverhalten (z. B. häufige Einnahme von Medikamenten wie Beruhigungsmitteln, Schaftabletten etc.)

Signalisieren Sie Gesprächsbereitschaft

Da nach der anfänglichen Euphorie meist eine Phase der Desillusionierung einsetzt, sind ein Rückgang an Gestik, Mimik und Lebendigkeit sowie spürbare Müdigkeit und Interesselosigkeit, Anzeichen für ein beginnendes Burnout-Syndrom. Burnout ist noch immer ein Thema, über das man eher mit vorgehaltener Hand spricht. Zudem sind es gerade erfolgsorientierte Menschen, die Burnout-gefährdet sind. Daher sollten Sie Ihre Mitarbeiter nicht unüberlegt auf mögliche Anzeichen ansprechen. Nicht jede Auffälligkeit muss auf Burnout hindeuten. Zeigen Sie sich, wenn Sie Anzeichen entdecken, offen und gesprächsbereit. Vermeiden Sie gleichzeitig, Ihr Gegenüber zu „überfahren" und eventuell voreilige Schlüsse zu ziehen. Bieten Sie Ihre Unterstützung an, ohne sich aufzudrängen.

7.6 Burnout vorbeugen

Die beste Strategie zur Vorbeugung eines Burnouts besteht darin, chronischen Stress zu vermeiden. Die in diesem Buch geschilderten Methoden zur Stressbewältigung sind grundsätzlich ausgerichtet auf
1. die Verringerung der Belastungen,
2. die Erhöhung der eigenen Belastbarkeit,
3. das Erlernen von Stressbewältigungstechniken.

Neben der Sensibilisierung für die ersten Anzeichen eines Burnout-Syndroms bieten regelmäßige Mitarbeitergespräche eine gute Möglichkeit, stressverstärkende Denkmuster (z. B. „Beeil Dich!", s. Kapitel 3.1) bei Ihren Mitarbeitern zu erkennen und gezielt anzusprechen. Viele Menschen gestehen sich selbst ungern ein, dass ihre Arbeitsleistung zurückgegangen ist und dass psychische Probleme die Ursache sein könnten. Eine geringe Arbeitsleistung wird insbesondere von leistungsmotivierten und engagierten Mitarbeitern als persönlicher Makel erlebt. Entsprechend schwer fällt es den Betroffenen, ihre Probleme selbst zu erkennen und gegenüber anderen einzugestehen.

Selbstreflektion zur Burnout-Prävention

Eine grundlegende Voraussetzung zur eigenen Burnout-Prävention ist, sich kritisch mit der eigenen Situation auseinanderzusetzen und diese zu reflektieren. Hilfreich hierfür ist die untenstehende Checkliste zur Selbstanalyse. Stellen Sie sich folgende Fragen, um die Stressoren in Ihrem Umfeld zu analysieren:

- Welche Dinge empfinde ich aktuell 1. im beruflichen Umfeld, 2. im privaten Umfeld als belastend?
- Welche Ziele, die ich mir gesteckt habe, habe ich in den letzten Wochen/Monate aus den Augen verloren?
- Was tue ich, um körperlich aktiv zu bleiben? Ist das ausreichend?
- Welche meiner Wünsche und Ziele sind möglicherweise überhöht/unrealistisch?
- Welche Dinge, die ich in den letzten Wochen/Monaten getan habe, sind mir besonders gut gelungen?
- Gibt es Bereiche in meinem Leben, in denen ich mit weniger Einsatz genauso gute Ergebnisse erzielen könnte?
- Mache ich mir falsche Vorstellungen von meinem Beruf, jage ich einem Traumbild/unerreichbaren Ideal nach?
- Achte ich genügend auf mich? Gönne ich mir beispielsweise ausreichend Schlaf? Ernähre ich mich hinreichend gesund? Und wenn nein, was kann ich in den nächsten Tagen bereits konkret daran ändern?

Therapie von Burnout

Die Therapie eines Burnout-Syndroms richtet sich nach den subjektiven Beschwerden und Bedürfnissen der jeweiligen Person. In den meisten Fällen sind aber eine langfristige (Psycho-)Therapie und eine deutliche und nachhaltige Veränderung der bisherigen Lebensführung angezeigt. Oft ist auch ein beruflicher Wechsel hilfreich. Gleichzeitig sollte in der Therapie gezielt nach Wegen gesucht werden, Entspannung wieder zuzulassen und neue Ziele und Lebensinhalte aufbauen zu können.

Beispiel: Therapie im akuten Fall

In vielen Fällen beginnt die Therapie mit einem ca. zweimonatigen stationären Aufenthalt. Eine anschließende ambulante Behandlung ist oft sinnvoll. Im Schnitt dauert es etwa ein Jahr, bis die ursprüngliche Leistungsfähigkeit wieder hergestellt ist. Lassen Sie es also gar nicht so weit kommen. Darüber hinaus ist zu betonen, dass die Dauer und die Therapieform individuell abgestimmt werden müssen. Wird der drohende Burnout schon im Entstehungsverlauf erkannt, kann eine Psychotherapie oder ein Coaching bereits wertvolle Hilfestellung bieten.

Existenziell: Die Umstellung der eigenen Lebensführung

Eine Umstellung der bisherigen Lebensführung bedeutet meist auch, gezielt wieder mehr Energie und Zeit in das Privatleben zu investieren. Im Wesentlichen bieten sich im Rahmen der Burnout-Therapie, beziehungsweise der Prävention, verschiedene Strategien zur Stressreduktion an. Ein fester Bestandteil der Therapie sind Maßnahmen zur Reflexion eigener Verhaltens- und Denkmuster, die stressverstärkend wirken. Das Burnout-Syndrom stellt eine Art „Eskalation" des chronischen Stresserlebens dar. Daher gilt es zum einen, das Stresserleben zu reduzieren. Zum anderen muss eine erfolgreiche Burnout-Behandlung gezielt auf die speziellen Symptome des jeweiligen Burnouts eingehen, wie beispielsweise die Perspektivelosigkeit der Betroffenen. In einer Therapie wird versucht, neue Lebensziele und -konzepte zu entwerfen und gemeinsam ein Programm für die Umsetzung einer gesundheitsfördernden Work-Life-Balance zu entwickeln.

Beispiel: Burnout-Behandlung und freie Zeit

Konkrete Tagespläne, die auch den notwendigen Raum für sportliche Aktivitäten, Entspannungsübungen und die Pflege sozialer Kontakte vorsehen, können bei der Umstellung der Lebensgewohnheiten helfen. Wichtig ist, dass der Tag auch Zeiträume für „passive" Beschäftigungen enthält, die erlauben, sich zu regenerieren.

Nachhaltige Behandlung

Eine erfolgreiche Burnout-Therapie sollte nachhaltig angelegt sein: Es handelt sich meist nicht um eine kurzfristige Intervention, sondern um das Erlernen eines anderen, ausgewogeneren Lebens- und Arbeitsstils. Dies kann auch eine berufliche Neuorientierung beinhalten. Zudem sollten schädigende Verhaltensweisen wie (zu) hoher Alkoholkonsum oder Nikotinsucht nach Möglichkeit aufgegeben werden. Das allerdings setzt die aktive Bereitschaft des Betroffenen voraus, sein Leben grundlegend zu ändern. Eine schnelle Lösung im Sinne eines vierwöchigen Wellness-Urlaubs, um die körperlichen und geistigen Ressourcen wiederherzustellen, gibt es leider nicht. Wollen Menschen, die einen Burnout erlitten haben, an ihren früheren Arbeitsplatz zurückkehren, so sollte überprüft werden, inwiefern dieser wiederum stressauslösend wirken kann (z. B. wegen mangelnden Feedbacks durch Vorgesetzte, geringer Kontrollmöglichkeiten, Zeitdruck). Die stressauslösenden Faktoren sollten vor der Rückkehr des Betroffenen unbedingt reduziert werden, um einen Rückfall zu vermeiden.

Nützliche Maßnahmen zur Burnout-Prävention

- Reduzieren Sie Ihr Engagement auf ein „ausgeglichenes" Maß: Burnout-Betroffenen ist das „natürliche" Gespür für eine gesunde Work-Life-Balance meist verloren gegangen. Um Ihre eigene Haltung zu überprüfen, bieten sich der Austausch mit anderen Menschen und die Reflexion von deren Ansichten an, um aus dem eigenen Grübeln und den kreisenden Gedanken einen Ausweg zu finden.
- Hinterfragen Sie Ihre eigenen Zielsetzungen.
- Planen Sie Zeiten für Ihre Erholung und auch mal „Nichts tun" ein.
- Trennen Sie nach Möglichkeit Arbeits- und Privatleben. (Checken Sie z. B. am Wochenende keine beruflichen E-Mails.)
- Pflegen Sie Ihre sozialen Kontakte, z. B. in Vereinen oder durch regelmäßige Treffen mit Freunden.
- Gönnen Sie sich Wellness-Anwendungen.
- Verschaffen Sie sich regelmäßig frische Luft, möglichst in der freien Natur.
- Praktizieren Sie Entspannungstechniken.
- Verschaffen Sie sich genügend Schlaf (mindestens sieben Stunden pro Nacht) und ausreichende Arbeitspausen.
- Sportliche Aktivität erhöht Ihre Ausdauer: Sie sollten zumindest ein moderates Training (z. B. zweimal pro Woche jeweils 30 Minuten Gehen, Schwimmen, Fahrradfahren oder Joggen) fest in Ihren Wochenablauf integrieren. Dabei ist allerdings wichtig, dass Sie sich nicht überanstrengen: Versuchen Sie nicht, eine weitere Leistungsveranstaltung aus Ihrem Training zu machen, dies würde Ihre hohen Ansprüche in den sportiven Bereich verlagern (wie z. B. ein Marathontraining bei untrainiertem, möglicherweise durch Dauerstress bereits geschwächtem Körper). Beginnen Sie lieber mit leichtem Lauftraining oder suchen Sie den

Einstieg über Sportarten, die Spaß machen und keinen starken Wettbewerbscharakter aufweisen (wie z. B. das Tanzen).

- Achten Sie auf die Signale Ihres Körpers.
- Ernähren Sie sich gesund: Ihr Blutzuckerspiegel ist durch die ständigen Stressreaktionen des Körpers und die damit verbundene Ausschüttung von Stresshormonen bereits erhöht. Wenn Sie wenig Fett und Zucker zu sich nehmen, schwächen Sie Ihren Körper nicht zusätzlich.
- Reduzieren Sie Ihren Konsum von Suchtmitteln: Rotwein ist zwar gut für das Herz-Kreislauf-System, aber nur in Maßen. Nehmen Sie nach Möglichkeit – wenn überhaupt – nicht mehr als 20 Gramm Alkohol täglich zu sich (das entspricht etwa 0,2 l Rotwein oder etwa 0,5 l Bier). Versuchen Sie, Medikamente wie Schlaf- und Beruhigungsmittel nur in Ausnahmefällen zu nehmen.

Ausgewählte Literaturtipps

Arbeitsorganisation und Selbstmanagement

- Simon, Walter: GABALS großer Methodenkoffer: Grundlagen der Arbeitsorganisation. Offenbach: Gabal 2004.
  Das Buch gibt einen Überblick über Instrumente, Techniken, Hilfsmittel und Methoden, die eine bessere Arbeitsorganisation ermöglichen. Es enthält erprobte Tipps für die Praxis.

Burnout-Syndrom

- Burisch, Matthias: Das Burnout-Syndrom – Theorie der inneren Erschöpfung. Berlin: Springer 2006.
  Eine gute Lektüre für alle, die sich einen umfassenden Einblick verschaffen möchten – wissenschaftlich fundiert.
- Maslach, Christa; Leiter, Michael P.: Die Wahrheit über Burnout: Stress am Arbeitsplatz und was Sie dagegen tun können. Heidelberg, Wien, New York: Springer 2001.
  Das Maslach Burnout Inventory der Autorin ist eines der am häufigsten eingesetzten Verfahren zur Messung des Burnout-Risikos. Die Autoren sind Experten auf ihrem Gebiet.

Entspannungstechniken

- Jacobson, Edmund: Entspannung als Therapie: Progressive Relaxation in der Theorie und Praxis. München: Pfeiffer 1993.
  Das Standardwerk zum Thema von Edmund Jacobson, der als Begründer der progressiven Muskelentspannung gilt.
- Geisselhart, Roland R.; Hofmann-Burkart, Christiane: Stress ade: Die besten Entspannungstechniken. München: Rudolf Haufe 2005.
  Ein Taschen-Guide, der zeigt, wie Sie Ihre persönliche Antistressstrategie entwickeln.
- Grasberger, Delia: Richtig atmen, Spannungen lösen, Energie tanken. Mit Übungen auf CD. München: blv 2006.
  Der zuverlässige Gesundheitsratgeber mit geführten Übungen auf CD.

- Grasberger, Delia: Autogenes Training mit CD: Lust zum Üben. Mit Übungen auf CD. München: blv 2006.
  Grundkurs zum Erlernen des Autogenen Trainings in sieben Wochen.
- Olschewski, Adalbert: Progressive Muskelentspannung: Einfache Übungen fürs Wohlbefinden. Heidelberg: Gondrom 2005.
  In diesem Buch werden sowohl die klassische Form der progressiven Muskelentspannung als auch neuere Entwicklungen und auf bestimmte Alltagssituationen abgestimmte Varianten ausführlich dargestellt.
- Trökes, Anna: Yoga zum Entspannen: Innere Ruhe und Gelassenheit finden. Asanas, Atemübungen, Meditationen. Angeleitete Übungsprogramme auf CD. München: Gräfe und Unzer, 2006.
  Das Buch konzentriert sich ganz auf den Entspannungsaspekt des Yoga und stellt entsprechende Übungsprogramme zur Verfügung.

Ernährung

- Kiefer, Ingrid; Lalouschek, Wolfgang: Stressfood. Mit Ernährung und Stressmanagement aus der Burnout-Falle. Wien: Kneipp 2009.
  Dieser Ratgeber zeigt auf, wo Stressfallen lauern und wie man ihnen mit richtiger Ernährung begegnen kann.

Stress verstehen

- Antonovsky, Aaron: Salutogenese. Zur Entmystifizierung der Gesundheit. Tübingen: dgvt 1997.
  Aaron Antonovsky setzt mit seinem berühmten Hauptwerk und dem Modell der Salutogenese völlig neue Maßstäbe in der Medizin und verändert so die Sichtweise auf Gesundheit und Krankheit.
- Lazarus, Richard S.: Psychological stress and the coping process. New York: McGraw-Hill 1966.
  Dies ist ein absolutes Grundlagenwerk, das u. a. die Zusammenhänge zwischen der Bewertung der Situation und dem Entstehen von Stress verdeutlicht.
- Zimbardo, Philip: Psychologie. München: Pearson Studium 2008.
  Das Standard-Lehrbuch der Psychologie.

Stressbewältigung

- Kaluza, Gerd: Stressbewältigung. Trainingsmanual zur psychologischen Gesundheitsförderung. Berlin, Heidelberg: Springer 2009.
  Das Buch liefert wichtiges Hintergrundwissen aus der Stressforschung – kompakt, fundiert und verständlich aufbereitet.
- Seligmann, Martin: Erlernte Hilflosigkeit. München: Urban & Schwarzenberg 1979.
  „Kleines", aber sehr interessantes Werk des „Erfinders" der erlernten Hilflosigkeit.
- Wagner-Link, Angelika: Aktive Entspannung und Stressbewältigung. Wirksame Methoden für Vielbeschäftigte. Stuttgart: Expert 2009.
  Die Autorin stellt ein wissenschaftlich fundiertes und in der Praxis bewährtes Stressmodell vor, gibt Tipps zur Selbstanalyse und vermittelt konkrete Ansatzmöglichkeiten zur Stressbewältigung.
- Watzlawick, Paul: Anleitung zum Unglücklichsein. Vom Schlechten des Guten. München: Piper 2009.
  In Form von Metaphern, Aphorismen und Anekdoten beschreibt Paul Watzlawik ebenso amüsant wie ironisch die vielfältigen Möglichkeiten, den eigenen Alltag unerträglich zu gestalten und trivialen Erlebnissen eine außergewöhnliche Bedeutung zuzumessen.

Stressmanagement im betrieblichen Kontext

- Nerdinger, Friedemann W.: Dienstleistungspsychologie. Stuttgart: Poeschel 1994.
  Dies ist ein Standardwerk der Arbeits- und Organisationspsychologie, das in jedes gute Bücherregal mit BWL-Literatur gehört.
- Meifert, Matthias; Kesting, Mathias: Gesundheitsmanagement im Unternehmen. Konzepte, Praxis, Perspektiven. Berlin, Heidelberg, New York: Springer 2004.
  Das Buch gibt eine umfassende und praxisnahe Einführung in das betriebliche Gesundheitsmanagement.
- Von der Heyde, Anke; von der Linde, Boris: Gesprächstechniken für Führungskräfte. Methoden und Übungen zur erfolgreichen Kommunikation. München: Rudolf Haufe 2009.

In zahlreichen Übungen und Fallbeispielen zeigen die Autoren, worauf es bei einer zielführenden Gesprächstechnik ankommt und wie Kommunikation optimiert werden kann.

Work-Life-Balance

- Cobaugh, Heike M.; Schwerdtfeger, Susanne: Work-Life-Balance: So bringen Sie Ihr Leben (wieder) ins Gleichgewicht. Frankfurt am Main: mvg 2005.
  Dieses Buch hilft dabei, entstandenes Ungleichgewicht wieder auszuloten und so die persönliche Balance zu finden.

Danksagung

Bedanken möchten wir uns als Autoren für die hervorragende Unterstützung bei der Recherche und Konzeption der einzelnen Kapitel bei Frau Eva-Maria Heine und Herrn Christian Holz. Durch ihre Arbeit und ihr Engagement haben die Beiden entscheidend zum Gelingen des Buches beigetragen.

Christine Kentzler und *Dr. Julia Richter*

Stichwortverzeichnis